河南省山水林田湖草生态保护修复工程设计导则

黄河水利出版社

·郑州·

内 容 提 要

本导则共分15章,是规范和指导河南省山水林田湖草生态保护修复工程设计工作的技术性标准,规定了山水林田湖草生态保护修复工程的适用范围、修复保护原则、总体要求等,制定了地质灾害防治工程、矿山生态修复工程、土地综合整治工程、流域水环境保护治理工程、生物多样性保护工程、重要生态系统保护修复工程、自然湿地保护修复工程、监测工程等各单元保护修复具体目标、指标与标准等。

本书可供从事自然资源管理的政府工作人员及山水林田湖草生态保护修复工程规划设计工作者学习参考。

图书在版编目(CIP)数据

河南省山水林田湖草生态保护修复工程设计导则/河南省地质环境监测院,河南省地质矿产勘查开发局第五地质勘查院编.—郑州:黄河水利出版社,2021.4 (2023.8 重印)
ISBN 978-7-5509-2964-7

Ⅰ.①河… Ⅱ.①河…②河… Ⅲ.①生态环境保护-工程设计-河南 Ⅳ.①X321.261

中国版本图书馆 CIP 数据核字(2021)第 067443 号

组稿编辑:王路平　电话:0371-66022212　E-mail:hhslwlp@163.com
　　　　　田丽萍　　　　　66025553　　　　　912810592@qq.com

出　版　社:黄河水利出版社　　　　　　　　　　网址:www.yrcp.com
　　　地址:河南省郑州市顺河路黄委会综合楼14层　邮政编码:450003
发行单位:黄河水利出版社
　　　发行部电话:0371-66026940、66020550、66028024、66022620(传真)
　　　E-mail:hhslcbs@126.com
承印单位:河南新华印刷集团有限公司
开本:787 mm×1 092 mm　1/16
印张:8.25
字数:190 千字
版次:2021 年 4 月第 1 版　　　　　　　　印次:2023 年 8 月第 2 次印刷
定价:65.00 元

前 言

　　构建山水林田湖草生命共同体,是践行习近平生态文明思想的重要举措,是落实习近平总书记"人的命脉在田、田的命脉在水、水的命脉在山、山的命脉在土、土的命脉在树和草"重要指示精神的具体体现。加快山水林田湖草生态保护修复,实现格局优化、系统稳定、功能提升,关系生态文明建设和美丽中国建设进程,关系国家生态安全和中华民族永续发展。

　　为统一河南省山水林田湖草生态保护修复工程设计标准,规范河南省山水林田湖草生态保护修复工程设计工作,保证工程修复质量,特制定《河南省山水林田湖草生态保护修复工程设计导则》(以下简称《导则》)。

　　本《导则》2021 年 2 月 7 日由河南省自然资源厅组织审查通过。

　　本《导则》起草单位:河南省地质环境监测院

　　　　　　　　　　　河南省地质工程勘察院

　　　　　　　　　　　河南省地质矿产勘查开发局第五地质勘查院

　　本《导则》主要起草人:王现国　商真平　刘海风　王西平　狄艳松　王春晖

　　　　　　　　　　　　朱中道　李　扬　张大志　李五立　徐振英　莫德国

　　　　　　　　　　　　郑群有　李　华　姚兰兰　郭山峰　于松晖　邢　会

　　　　　　　　　　　　赵振杰　古艳艳　戚　赏　张海娇　王振宇　范　莉

　　　　　　　　　　　　王晨旭　张　刚　郭玉娟　黄　凯　甄　娜　王宝红

　　　　　　　　　　　　申浩君　任　升　侯利阳　田　飞　范浩敏　王沙沙

　　　　　　　　　　　　郭丽丽　赵海娇　王　昕

目　　录

1 总 则

1.1 适用范围

本《导则》适用于河南省区域内山水林田湖草生态保护修复工程的设计工作。河南省区域内实施的山水林田湖草生态保护修复工程的设计工作除应遵守本《导则》外，还应遵守国家、行业及地方有关规定。

1.2 保护修复原则

1.2.1 坚持保护优先，自然恢复为主

牢固树立和践行绿水青山就是金山银山的理念，尊重自然、顺应自然、保护自然，按照节约优先、保护优先、自然恢复为主的原则，把握保证安全、突出生态、兼顾景观的次序，进行山水林田湖草生态保护修复工程设计，遵循自然生态系统演替规律，充分发挥大自然的自我修复能力，避免人类对生态系统的过多干预。

1.2.2 坚持统筹兼顾，突出重点

强化顶层设计，按照生态系统的整体性、系统性及其内在规律，统筹考虑自然生态各要素，采用整体到局部的分析方法、局部再到整体的综合方法，统筹推进全方位、全流域、全过程生态保护与修复。聚焦生态功能区、生态保护红线、自然保护区等重点区域，突出问题导向、目标导向，合理配置自然恢复与人工修复、生物措施与工程治理，科学确定保护修复的布局、任务与时序。

1.2.3 坚持科学治理，综合施策

坚持山水林田湖草是生命共同体的理念，遵循生态系统内在机制，以生态本底和自然禀赋为基础，关注生态风险应对和生态质量提升，强化科技支撑作用，因地制宜、实事求是，科学配置保护和修复、自然和人工、生物和工程等措施，推进一体化生态保护和修复。

1.2.4 坚持问题导向，科学修复

追根溯源、系统梳理隐患与风险，对自然生态系统进行全方位生态问题诊断，提高问题识别和诊断精度。按照国土空间开发保护格局和管制要求，针对生态问题及风险，充分考虑区域自然禀赋，因地制宜开展保护修复，提高修复措施的科学性和针对性。

1.3 工作目标

山水林田湖草生态保护修复工程应与区域自然生态环境要素相结合，依据国家生态文明建设战略部署要求、法律法规及相关规定、技术标准等，编制科学可行的山水林田湖草生态保护修复工程设计方案，为基本解决重要生态功能区域内的重大生态环境问题，生态环境质量有效改善，生态功能支撑和生态涵养明显增强，生态系统服务与保障功能明显提升，生态廊道系统功能提升提供基础支持。

2 规范性引用文件

本《导则》内容参考了附录 1 条款。凡是不注日期的引用文件,其有效版本适用于本《导则》。

3　专业术语

下列专业术语适用于本《导则》。

3.1　生物多样性

在一定时间和一定地区所有生物物种及其遗传变异和生态系统的复杂性的总称,包括基因多样性、物种多样性、生态系统多样性等层次,包括物种内部、物种之间和生态系统的多样性。

3.2　重要生态涵养带

重要生态涵养带是指能够保护生物多样性、保持水土、净化空气等这样一些功能区域,它在主体功能区域中应该是属于限制或者适度开发的地区。

3.3　生态修复

生态修复亦称生态恢复,是指协助退化、受损生态系统恢复的过程。生态修复方法包括自然恢复、辅助再生、生态重建等。生态修复目标可能是针对特定生态系统服务的恢复,也可能是针对一项或多项生态服务质量的改善。

3.4　自然恢复

自然恢复是指对于轻度受损、恢复力强的生态系统,主要采取切断污染源、禁止不当放牧和过度猎捕、封山育林、保证生态流量等消除胁迫因子的方式,加强保护,促进生态系统自然恢复。

3.5　保护保育

保护单一生物物种或者不同生物群落所依存的栖息地、生态系统,以及保护和维系栖息地(自然生态保护区域内)原住居民文化与传统生活习惯,以达到维持自然资源的可持续利用与永续存在的活动。

3.6　矿山生态修复工程

对因矿山开采形成的生态环境问题采取适当技术措施和工程手段,因地制宜地进行修复治理,使其达到安全、可再利用状态的治理活动或过程。

3.7　土地综合整治工程

为满足人类生产、生活和生态的功能需要,对未利用、不合理利用、损毁土地进行综合治理的活动。

3.8　流域水环境保护治理工程

对河流流域内地貌形态、河道行洪能力、生物、水质等进行的保护治理措施。

3.9　污染与退化土地修复治理工程

对遭受污染及功能退化土地进行一系列修复治理,使其达到相应利用状态的治理活动或过程。

3.10　生物多样性保护工程

对一定范围内多种多样活的有机体(动物、植物、微生物),有规律地结合所构成稳定的生态综合体所进行的保护性工程的实施过程。

3.11　生态廊道

根据世界自然保护联盟 IUCN 的《通过生态网络和生态廊道加强保护区连通指南》,生态廊道是为保持或恢复有效的生态连通性,长期治理和管理、明确界定的地理空间。

3.12　生态重建

生态重建是指对因自然灾害或人为破坏导致生态功能和自我恢复能力丧失,生态系统发生不可逆转变化,以人工措施为主,通过生物、物理、化学、生态或工程技术方法,围绕修复生境、恢复植被、生物多样性重组等过程,重构生态系统并使生态系统进入良性循环的活动。

4　总体要求

4.1　山水林田湖草生态保护修复工程设计应严守生态保护红线、永久基本农田、城镇开发边界三条控制线,按照规划确定的用途分区分类开展生态保护修复。

4.2　山水林田湖草生态保护修复工程设计应优先采用成熟可靠的治理技术,治理效果与周边环境相协调;选择适宜的生态修复模式,体现修复措施的针对性。

4.3　山水林田湖草生态保护修复工程设计应与当地社会、经济、环境相适应,符合相关规划,因地制宜地进行工程设计。在"三区两线"范围内应提高设计标准,既要绿化更要美化,在人类活动影响小的地区以自然恢复为主。

4.4　山水林田湖草生态保护修复工程设计须以安全可靠、经济合理、美观适用,使生态环境得到明显改善为目的。

4.5　山水林田湖草生态保护修复工程设计应依据调查勘查成果,参考河南省山水林田湖草生态保护修复片区分区规划,来进行单体工程设计,要体现整体性和协调性。

4.6　合理配置自然恢复与人工修复。对于有代表性的自然生态系统和珍稀濒危野生动植物物种及其栖息地,以保护保育为主;对于轻度受损、恢复力强的生态系统,以自然恢复为主;对于中度受损的生态系统,结合自然恢复,辅助中小强度的工程措施;对于严重受损的生态系统,应采取全面修复治理措施,实现生态系统的完整性。

4.7　山水林田湖草生态保护修复工程要打破行政界线,以区域(或流域)为单元,按照区域(或流域)、生态系统以及场地三级尺度分别开展设计工作。具体要求是:工程规划阶段服务于区域(或流域)尺度的宏观问题识别诊断、总体保护修复目标制定,以及确定保护修复单元和工程子项目布局;工程设计阶段主要服务于生态系统尺度下的各保护修复单元生态问题诊断,制定相应的具体指标体系和标准,确定保护修复模式措施;工程实施阶段服务于场地尺度的子项目施工设计与实施。

4.8　山水林田湖草生态保护修复工程设计单位应具备相应的工程设计资质。

4.9　山水林田湖草生态保护修复工程设计要满足绩效目标考核的要求。

5 保护修复单元划分及修复要求

5.1 保护修复单元划分

依据《全国主体功能区规划》《河南省主体功能区规划》《河南省生态建设规划纲要》、国土空间规划等,以区域生态系统问题为导向,识别主要生态问题,根据生态系统的结构和空间分布进行保护修复工程部署和工程单元划分。

5.2 保护修复绩效目标要求

5.2.1 区域(或流域)尺度目标设定要求。对应工程实施范围内,解决"四区三带"生态格局内重要的生态环境问题,实现流域生态系统安全、健康、稳定,推动自然资源可持续保护与利用。提出保护修复总体目标,设定实施期限内的生态保护修复具体指标。

5.2.2 生态系统尺度目标和标准设定要求。对应保护修复单元设计工程措施,能够使得生态产品供给能力得到提升、水环境质量得到明显改善、生态环境风险得到有效防范、生物多样性得到有效维护、生态文明制度进一步健全完善,根据工程实际及相关规定制定具体指标。

5.2.3 场地尺度目标和标准设定要求。对应子项目,针对各保护修复单元采取的不同措施,根据生态系统尺度的目标和标准规范,结合工程实际制定具体指标。

5.3 保护修复工程部署

5.3.1 根据现状调查、生态问题的诊断分析结果,制定保护修复总体目标和单元保护修复目标,明确保护修复的重点内容,根据需要设定工程子项目。

5.3.2 根据确定的总体目标以及各单元保护修复具体目标、指标与标准等,针对关键生态问题制定修复工程的治理对象、工程措施、工程量及项目费用预算,并分类明确子项目规模、主要措施、实施年度、工程量、费用预算及预期成效等。提交工程设计成果,包括设计报告及设计施工图纸、工程量计算书、费用预算书等。

6　地质灾害防治工程

6.1　一般规定

6.1.1　本节内容适用于自然因素引起的地质灾害、矿山开发引起的地质灾害以及其他人类工程活动引起的地质灾害修复治理工程。

6.1.2　地质灾害防治工程设计应以地质灾害防治工程勘查资料为基本依据,以地质灾害危害程度为重要参考,综合考虑工程地质、水文地质、气象水文、地理及人文环境、荷载、邻近建(构)筑物、施工条件和工期等因素,因地制宜,科学设计。

6.1.3　在地质灾害勘查有困难地区,或不能及时提供地质灾害勘查资料的应急治理工程,可根据经验采用工程类比法,按最不利条件,进行应急治理工程设计,再通过应急治理工程施工及地质灾害勘查收集地质资料,进行符合实际的设计变更。

6.1.4　开展地质灾害治理工程设计,应取得的成果资料包括:地质灾害平面图、剖面图,相邻建(构)筑物的结构及基础图等;治理区最新大比例尺地形图和地质图等;荷载及分布情况;地质灾害岩土体结构特征、工程地质及水文地质特征、地质灾害变形及稳定性;相关物理力学指标参数;地质灾害影响范围内的建(构)筑物、道路及地下管网分布等;施工条件等;其他与治理工程设计有关的资料。

6.1.5　位于水库区或河岸边的地质灾害治理工程设计,应考虑地表水位及地下水位变化对灾害体及地质灾害治理工程的影响。

6.1.6　地震基本烈度为Ⅵ度及以上地区的地质灾害治理工程设计应考虑地震作用影响。

6.1.7　地质灾害治理工程设计拟采用的工程措施不应危及既有建(构)筑物的安全。

6.1.8　地质灾害治理工程拟采用的各项工程措施应根据现场条件复核。

6.2　滑坡防治工程

6.2.1　滑坡防治工程级别划分

根据受灾对象、受灾程度、施工难度和工程投资等因素,可按表6.2.1-1对滑坡防治工程进行综合划分。

表6.2.1-1　滑坡防治工程等级划分表

级别		特级	Ⅰ	Ⅱ	Ⅲ
威胁对象	危害人数(人)	≥5 000	≥500且<5 000	≥100且<500	<100
	威胁设施的重要性	非常重要	重要	较重要	一般

6.2.2　滑坡荷载及强度标准

6.2.2.1　荷载类型

1. 基本荷载,包括滑坡体自重、地下水稳定水位时的孔隙水压力等。

2. 特殊荷载,包括:

(1)降雨荷载,包括降雨汇集的地表水和入渗坡体的地下水引起的水压力(静水压力和渗透压力等);

(2)地震荷载,滑坡体由于地震作用而受到的水平向和竖向荷载(含惯性力、动土压力和动水压力)。

3. 附加荷载,包括滑坡体上的建筑物荷载、交通荷载、施工临时堆载等。

4. 其他荷载,包括大型水体(湖泊、江河、水库等)对滑坡体产生的水压力,一般包括静水压力和渗透压力。

6.2.2.2　荷载强度标准

1. 荷载应根据 20~100 年重现期的降雨强度确定。不同防治工程等级的降雨强度重现期宜按表 6.2.2.2-1 规定取值。

表 6.2.2.2-1　降雨强度重现期取值表

滑坡防治工程级别	暴雨强度重现期(年)
特级	专门论证
I 级	100
II 级	50
III 级	20

2. 地震荷载采用的加速度应按 50 年超越概率 10%设计基准期计,对于 I 级滑坡防治工程,地震加速度可按 50 年超越概率 5%设计基准期计,对于特级滑坡防治工程的设计基准期应专门论证。

3. 地震荷载采用的综合水平地震系数取值见表 6.2.2.2-2,设计基本地震加速度选取应符合 GB 18306 规定。

表 6.2.2.2-2　综合水平地震系数取值表

设计基本地震加速度 a_h	不考虑	0.1g	0.15g	0.2g	0.3g	0.4g
III 级	0	0.025	0.037 5	0.05	0.075	0.10

4. 设计基本地震加速度为 0.2g 及以上,且位于地震断裂带 15 km 范围内的滑坡,宜同时计入水平向地震荷载和竖向地震荷载。

5. 地震荷载计算按照 GB/T 38509 执行。

6. 对于 I、II 级滑坡防治工程,当滑坡存在高位剪出,且滑坡前缘临空斜坡地形坡度角大于 60°时,滑块的动态分布系数取 2~3。III 级滑坡防治工程可不考虑放大效应。特级滑坡防治工程的放大效应做专门论证。

7. 对于在地震作用下,抗剪强度降低大于 15%的土质滑坡,可采用基于数值分析的动力极限平衡法或动力强度折减法进行稳定性分析。

8. 当滑坡前缘库水位下降速率不小于 0.5 m/d 时,或上升速率不小于 1.0 m/d 时,且滑坡体渗透系数为 $1×10^{-7}~1×10^{-3}$ m/s 时,即低—中渗透性土,应采用非稳定流法分析计算渗透压力。

9. 滑坡体地下水渗流稳定性可采用非稳定流数值模拟法进行分析。

10. 对后缘有陡倾裂隙且含水的岩质滑坡,应考虑降雨入渗在后缘裂隙形成的静水压力。

11. 对滑面底部分布有裂隙含水层的岩质滑坡,应考虑降雨入渗后形成的扬压力和测压水头。

6.2.2.3 滑坡防治设计的荷载组合按照 GB/T 38509 执行。

6.2.3 滑坡稳定性分析与设计安全系数

6.2.3.1 滑坡稳定性分析与设计安全系数按照 GB/T 38509 执行。

6.2.3.2 设计安全系数应依据滑坡防治等级和荷载组合,按照表 6.2.3.2-1 选取。

表 6.2.3.2-1 滑坡抗滑稳定设计安全系数取值表

防治等级	设计	校核		
	工况 I	工况 II	工况 III	工况 IV
I 级	1.30	1.25	1.15	1.05
II 级	1.25	1.20	1.10	1.02
III 级	1.20	1.15	1.05	不考虑

6.2.3.3 滑坡防治设计的荷载组合应根据具体情况对特殊组合增加附加荷载和其他荷载。

6.2.3.4 对于特级滑坡防治工程,应对其安全系数和工况进行专门论证。

6.2.4 滑坡防治工程设计

6.2.4.1 滑坡治理可采用清理滑坡体以恢复场地,或者修筑截排水工程和支挡工程防止形成新的滑坡体;对于滑坡隐患应根据滑坡体特征、场地环境条件、地质条件、气象条件,综合分析其发展趋势、危害程度等,采取截排水沟、挡墙、抗滑桩、削方减载、锚杆(索)、格构和植被防护等工程措施以消除隐患。

6.2.4.2 滑坡治理设计一般选用综合治理方案,设计治理工程措施应针对主要引发因素和滑坡的力学特征进行选择。

6.2.4.3 滑坡支挡结构岩土荷载应视为考虑支挡结构重要性系数作用后的荷载设计值,当设计需要确定滑坡支挡结构岩土荷载标准值时,岩土荷载标准值宜取岩土荷载设计值的 80%。

6.2.4.4 滑面深度不同时,滑坡支挡结构设计应充分考虑相应支挡结构岩土荷载大小、分布范围和作用点位置的不同。

6.2.4.5 滑坡支挡结构设计应采用最不利的岩土荷载,当最不利的岩土荷载不明确时,支挡结构设计应检验在不同滑面的岩土荷载作用下支挡结构是否满足要求;当不满足要求时,应调整设计直至满足要求。

6.2.4.6 当滑坡防治工程设计涉及地形和地表荷载的改变且地形和地表荷载的改变可能造成新的致灾地质体时,应进行相应稳定性计算。

6.2.4.7 滑坡支挡结构位置应选在所需支挡力较小、滑体厚度较小或抗滑地段,但应避免滑坡一部分从支挡结构后方或上方滑出。

6.2.4.8 滑坡支挡结构级数与位置应根据地质情况和控制变形需求的差异,通过技术经济比较择优确定。

6.2.4.9 滑坡沿滑向的地质情况变化大时,支挡结构级数与位置宜通过计算确定。

6.2.4.10 应对设计工程治理的滑坡进行稳定性验算,确定治理后滑坡的稳定性。

6.2.4.11 滑坡治理设计按照 GB/T 38509 执行。

6.2.5 地下排水工程

地下排水工程包括渗水盲沟、排水廊道等措施。

6.2.5.1 渗水盲沟,须用不含泥的块石、碎石填实,两侧和顶部做反滤层。

6.2.5.2 横向拦截排水隧洞修于滑坡体后缘滑动面以下,与地下水流向基本垂直;纵向排水疏干隧洞,可建在滑坡体(或老滑坡)内。

6.3 崩塌防治工程

6.3.1 崩塌分类

崩塌按破坏方式主要分为滑移式崩塌、倾倒式崩塌及坠落式崩塌三大类,详细分类按照 T/CAGHP 032 执行。

6.3.2 崩塌防治工程等级

崩塌防治工程等级应根据崩塌威胁对象按照 6.3.2-1 进行划分。

表 6.3.2-1　崩塌防治工程等级划分

防治工程等级		特级	Ⅰ级	Ⅱ级	Ⅲ级
崩塌威胁对象	威胁人数(人)	≥5 000	≥500 且<5 000	≥100 且<500	<100
	威胁设施的重要性	非常重要	重要	较重要	一般

注:表中只要满足一项即可按就高原则划分等级。

6.3.3 崩塌防治技术分类、荷载与计算、稳定性评价等相关规定按照 T/CAGHP 032 执行。

6.3.4 设计原则

崩塌防治工程设计应符合下列原则。

6.3.4.1 崩塌防治工程设计应遵循主动治理和被动防护相结合的原则。

6.3.4.2 崩塌防治工程设计应与社会、经济和环境发展相适应,与城市规划和土地利用相结合。

6.3.4.3 崩塌防治工程设计应进行方案比选、技术与经济论证,使工程达到安全可靠、经济合理。

6.3.4.4 崩塌防治工程设计应在保证崩塌坡体处于稳定与安全的基础上,同时考虑环境保护与景观需求。

6.3.5 崩塌防治工程设计

6.3.5.1 崩塌防治工程设计应做到安全适用、经济合理、技术先进,确保工程质量,提高工程效益,进而达到减免和防范崩塌地质灾害的目的。

6.3.5.2 应根据崩塌威胁区域的地形、地质、水文、气象、环境等,制定相应的安全施工技术和环境保护措施,确保施工安全和防治水土污染流失。

6.3.5.3 崩塌防治工程设计措施应根据崩塌破坏模式选择。

　　1. 滑移式崩塌宜采取清除、抗滑桩(键)、挡土墙、锚杆(索)等措施。

　　2. 倾倒式崩塌宜采取清除、支撑与嵌补、上部锚杆(索)加固、封闭顶部裂隙等措施。

　　3. 崩塌体易产生剥落破坏后坠落的,可采取浅层加固措施,如挂网喷浆与锚固,也可采取防护网、拦石墙等措施。

　　4. 崩塌体易产生错落破坏后坠落的,可采取清除、支撑与嵌补、上部锚杆(索)加固等措施。

　　5. 直接产生坠落破坏的,可采取岩腔嵌补与支撑。

　　6. 崩塌体清除后应进行表面加固防护处理,不得形成次生灾害。

6.3.5.4 在有建(构)筑物的崩塌地区进行防治工程设计时,拟采用的工程措施不应危及建(构)筑物的安全和正常使用。其防治工程等级应不低于影响区范围内建(构)筑物的安全等级。

6.3.5.5 位于水库区或江河岸边的崩塌防治工程设计,应考虑水位变化对崩塌的影响以及防治工程对环境的影响。

6.3.5.6 崩塌防治工程设计应以地质勘查资料成果为依据,根据设计需要或发现勘查资料与实际不符时,应对崩塌体的稳定性复核验算。

6.3.5.7 崩塌防治工程设计应根据施工过程反馈的地质信息及施工监测数据及时调整设计措施及施工方案,做到动态设计指导安全施工以满足信息化施工的要求。

6.3.5.8 滑移式崩塌根据危岩体的完整性,可以采用抗滑桩(键)、锚杆和(或)预应力锚索等治理措施。当采用预应力锚索时,不应使它处于受剪状态。

6.3.5.9 崩塌治理设计按照 T/CAGHP 032 执行。

6.4 泥石流防治工程

6.4.1 泥石流防治工程安全等级标准

6.4.1.1 依照受威胁对象的险情或受灾对象的灾情,将泥石流防治工程安全等级标准分四个级别,见表6.4.1.1-1。

表 6.4.1.1-1　泥石流防治工程安全等级标准

防治工程安全等级	一级	二级	三级	四级
受灾对象	省会级城市	地(市)级城市	县级城市	乡(镇)及重要居民点
	高速公路、一级公路及特大桥、大桥、中隧道以及以上,铁道、航道	二级公路及中桥、短隧道	三级公路及其桥梁、隧道	四级公路及其桥梁、隧道
	大型的能源、水利、通信、邮电、矿山、国防工程、学校等专项设施	中型的能源、水利、通信、邮电、矿山、国防工程等专项设施	小型的能源、水利、通信、邮电、矿山、国防工程等专项设施	乡(镇)级的能源、水利、通信、邮电、矿山等专项设施
	一级建筑物	二级建筑物	三级建筑物	四级建筑物及以下
受威胁人数(人)	>1 000	1 000~100	100~10	<10
死亡人数(人)	>30	30~10	10~3	<3

注:表中一级建筑物为耐久年限 100 年以上的重要建筑物和高层建筑物;二级建筑物为耐久年限 50~100 年的一般性建筑物;三级建筑物为耐久年限 15~50 年的次要建筑物;四级建筑物为耐久年限 15 年以下的临时性建筑物。满足其中一项即为相应安全等级,按最高等级确定。

6.4.1.2 泥石流防治工程的设计使用年限根据安全等级确定,一、二级安全等级可按 50 年考虑,三、四级安全等级按不低于 20 年考虑。当遭遇超设计标准灾害或者使用条件改变时应进行安全性鉴定,特殊工程应进行专门论证。

6.4.2 防治工程安全系数、泥石流重度、泥石流流量、泥石流流速、泥石流冲击力、泥石流冲起高度与爬高、泥石流弯道超高、泥石流坝下深度等设计参数,以及泥石流防治分项工程设计按照 T/CAGHP 021 执行。

6.4.3 泥石流治理设计

泥石流治理,可采用清理堆积物以恢复场地,或者修筑拦挡工程防止形成新的泥石流物源;泥石流隐患的治理可采用疏导、拦挡或固化泥石流物源等措施。

6.4.3.1 泥石流治理应以流域为单元进行生物措施与工程措施相结合的治理设计方案。

6.4.3.2 在形成区采用恢复植被、建造多树种多层次的立体防护林、设置坡面截水沟、沟谷区的谷坊群、导流堤、护岸工程等治理设计方案。

6.4.3.3 在流通区宜采用导流、护岸、护底、清障等治理方案进行疏导,保证流路通畅;在地形较好的地区,采用拦渣坝、停淤场、导流堤、护岸等治理方案控制流量。

6.4.3.4 对规模巨大、势能大的泥石流,宜采取防撞墩、平面绕避改道、立面绕避(渡槽、隧道、桥梁)等治理方案。

6.4.3.5　对泥石流水、沙集中的区域,宜采用停淤场、导流工程等治理方案进行停淤、分流。

6.4.3.6　视地形条件,在堆积区停淤减沙或停淤束水攻沙,增大搬运能力,使泥沙顺利直接排入河流。

6.4.3.7　对汇入河流的泥石流,采用导流堤、丁坝等措施,加大大河排沙能力,稳定主流切割扇缘,降低泥石流沟侵蚀基准面。

6.4.3.8　泥石流治理设计按照 T/CAGHP 021 相关规定执行。

6.5　采空塌陷防治工程

6.5.1　采空塌陷防治工程分级及设计安全系数

6.5.1.1　采空塌陷防治工程分级

按照 DZ 0238、DZ/T 0286 及 GB 50007 的相关要求,根据受威胁对象的险情或受灾对象的灾情,以及防治工程施工难度和工程投资因素,将采空塌陷防治工程等级分为四级,见表 6.5.1.1-1。

表 6.5.1.1-1　采空塌陷防治工程分级

分级标准		防治工程分级			
		I	II	III	IV
威胁或受灾对象	工程重要性	城市和村镇规划区、放射性设施、军事和防空设施、核电、二级(含)以上公路、铁路、机场、大型水利工程、电力工程、港口码头、矿山、集中水源地、工业建筑(跨度>30 m)、民用建筑(高度>50 m)、垃圾处理场、水处理厂、油(气)管道和储油(气)库、学校、医院、剧院、体育馆等公共设施	新建村镇、三级(含)以下公路、中型水利工程、电力工程、港口工程、矿山、集中水源地、工业建筑(跨度 24~30 m)、民用建筑(高度 24~50 m)、垃圾处理场、水处理厂等	小型水利工程、电力工程、港口工程、矿山、集中水源地、工业建筑(跨度≤24 m)、民用建筑(高度≤24 m)、垃圾处理场、水处理厂等	矿山地质环境类工程、农田等
	建筑基础设计等级	甲级建筑物	乙级建筑物	丙级建筑物	

续表 6.5.1.1-1

分级标准		防治工程分级			
		I	II	III	IV
伤亡人数	死亡(人)	≥100	100~10	10~1	0
	重伤(人)	≥150	150~20	20~5	<5
直接威胁人数(人)		≥500	500~100	100~10	<10
直接经济损失(万元)		≥1 000	1 000~500	500~50	<50
潜在经济损失(万元/年)		≥5 000	5 000~1 000	1 000~100	<100
施工难度		复杂	较复杂	一般	简单
工程投资(万元)		≥3 000	3 000~1 000	1 000~200	<200

注:1. 分级确定采取上一级别优先原则,只要有一项要素符合某一级别,就定为该级别。

　　2. 表中工程重要性按《地质灾害危险性评估规范》(DZ/T 0286)标准执行。

　　3. 表中的甲、乙、丙级建筑物按《建筑地基基础设计规范》(GB 50007)标准执行。

6.5.1.2 采空塌陷防治工程设计安全系数

1. 按照 T/CAGHP 012 执行。

2. 采空塌陷防治工程设计安全系数见表 6.5.1.2-1。

表 6.5.1.2-1　采空塌陷防治工程设计安全系数推荐表

防治工程等级	I	II	III	IV
安全系数 F_s	≥1.5	≥1.3	≥1.1	≥1.0

3. 对于水利坝基及库区的采空塌陷防治工程设计,除满足坝基的稳定性要求外,还应满足坝体渗透变形破坏、渗漏的相关要求,应列专题研究。

6.5.2 防治工程设计

6.5.2.1 采空塌陷防治工程设计前,必须进行采空塌陷防治工程勘查,以判断采空塌陷场地的稳定性及对工程建设的危害性和适宜性。勘查及评价结论应作为采空塌陷防治工程设计的主要依据。

6.5.2.2 采空塌陷场地的稳定性及对工程建设的危害性和适宜性评价应符合现行国家标准 GB 51044、T/CAGHP 005 等规范的有关规定。

6.5.2.3 采空塌陷防治工程设计应遵循"预防为主、防治结合、综合治理"的基本原则,对于条件复杂的采空塌陷区应采取避让措施。

6.5.2.4 采空塌陷防治工程设计应以防治后地表不发生非连续变形破坏为基本要求。

6.5.2.5 采空塌陷防治工程设计应积极采用和推广可靠的新技术、新工艺和新材料,宜优先考虑利用工程所在地广泛分布存在的工程材料,合理利用矿渣、尾矿等废弃物,并应遵守国家现行安全生产和环境保护等有关规定。

6.5.2.6 采空塌陷防治措施主要有搬迁避让、灌注充填、开挖回填、砌筑支撑、桩基穿(跨)越、井下巷道加固、井下防水闸门、跟踪监测等。采空塌陷防治措施选择应符合下列规定：

　　1. 安全可靠,技术可行,经济合理。

　　2. 施工场地条件便利,施工工期合理。

　　3. 防治效果显著,符合环境保护及国家相关规定。

6.5.2.7　对以下类型采空塌陷防治工程,应在有代表性的区段进行现场试验和试验性施工,并应校核设计参数和施工工艺。

　　1. 防治工程等级为Ⅰ级和Ⅱ级的工程。

　　2. 无区域防治工程经验的工程。

　　3. 采用新材料或新处理工艺的工程。

6.5.2.8　采空塌陷治理设计按照 T/CAGHP 012、《河南省矿山地质环境恢复治理工程勘查、设计、施工技术要求(试行)》相关规定执行。

7　矿山生态修复工程

7.1　一般规定

7.1.1　适应当地情况,注重科学,尊重自然规律,注重环境保护和生态功能,以自然修复为主、工程修复为辅,将保护工程的修复痕迹与周围环境融为一体,修复其生态平衡,科学采取相应的生态修复技术措施,利用人工促进自然修复。

7.1.2　应充分收集与工程设计相关的气象、水文、地形、地质、水文地质、土地规划、矿产资源开发、社会经济概况等资料,作为防治工程设计的依据。同时,应考虑场地可能发生的自然与地质灾害(如暴雨、洪水、崩塌、滑坡等)和矿区工程建设可能引起的新的矿山生态问题,对这些问题应在勘察、评价、预测的基础上,采取有效的预防措施。

7.1.3　应定性和定量分析相结合。两种分析方法都应在取得翔实资料的基础上,运用成熟的理论及行之有效的新技术和新方法,进行充分论证,在多方案比较的基础上优选出最佳设计方案。

7.1.4　应与当地社会、经济和环境发展相适应,与当地规划、环境保护、矿产开发、土地管理和开发相结合,并在安全、经济、适用的前提下尽量做到美观。

7.1.5　根据工程目标,在已取得的勘察成果的基础上进行方案设计;确定具体工程实现步骤和有关工程参数,提出施工技术、施工组织和安全措施。

7.1.6　对矿山生态修复工程涉及的各工程单元进行施工图设计,并编制相应的施工图设计说明书,应详细说明设计的原则、依据、设计过程、计算过程与结果、设计成果等。

7.1.7　地貌景观和土地资源恢复治理应与周围自然景观相协调,应尽量恢复为原地形地貌,地貌景观恢复治理工程的平面布置和立面设计应考虑对周边环境的影响,做到美化环境,体现生态保护要求。

7.1.8　植被恢复应宜林则林、宜草则草、宜藤则藤、宜耕则耕,根据不同的地形地势,采取不同的植被恢复措施。对已受污染不适宜农作物、树木或草、灌木生长的矿区土壤,应进行改良,更换肥沃土壤。

7.1.9　地表排水工程的设计标准,应根据防护对象的等级所确定的防洪标准予以确定,并以此确定排水工程建筑物的级别、安全超高和安全系数;防洪标准参照 GB 50201 和 SL 252 的规定确定。

7.1.10　地表排水工程设计频率下的地表汇水流量,可根据中国水利水电科学研究院水文研究所提出的小汇水面积设计流量公式计算,按照本《导则》7.8 节执行。

7.2　地貌景观恢复治理工程

7.2.1　地貌景观恢复治理工程设计

7.2.1.1　边坡整治

1. 填方边坡

1) 土质填方边坡

(1) 一般土质填方边坡(高度不大于 8 m)取 1∶1.50。但当边坡高度超过一定值时,其下部边坡(高度不大于 12 m)取 1:1.75。高度超过 12 m 的边坡,一般应设计台阶。

(2)对于浸水填方边坡,设计水位以下部分视填料情况,边坡坡度宜采用 1:1.75~1:2.00。常水位以下部分,边坡坡度宜采用 1:2.00~1:3.00,并视水流情况采取加固措施。

2)填石边坡

填石边坡根据填石种类(岩石硬度),其高度一般不超过 12 m,边坡坡度一般可取 1:1.00~1:1.75。

3)砌石边坡

砌石边坡应采用当地不易风化的开山片石砌筑,基底以 1:5 的坡率向内侧倾斜,砌石高度一般不大于 15 m,墙的内、外坡度依砌石高度,按表 7.2.1.1-1 选定。

表 7.2.1.1-1 砌石边坡坡度允许值

序号	高度(m)	内坡坡度	外坡坡度
1	≤5	1:0.30	1:0.50
2	≤10	1:0.50	1:0.67
3	≤15	1:0.60	1:0.75

2.挖方边坡

1)土质挖方边坡

土质挖方边坡坡度应根据边坡高度、土的密实程度、地下水和地表水情况、土的成因及生成时代等因素确定。一般情况下,具有一定黏性土质的挖方边坡坡度,取值为 1:0.50~1:1.50,个别情况下可放缓至 1:1.75。不同高度、不同密实度的土质挖方边坡坡度可参照表 7.2.1.1-2 取值。

表 7.2.1.1-2 土质挖方边坡坡度允许值

土的类别		边坡坡度
黏土、粉质黏土、塑性指数大于 3 的粉土		1:1
中密以上的中砂、粗砂、砂砾		1:1.50
卵石土、碎石土、圆砾土、角砾土	胶结和密实	1:0.70
	中密	1:1

2)岩质挖方(开采)边坡

(1)岩质挖方(开采)边坡形式及坡度应根据工程地质与水文地质条件、边坡高度、施工方法,结合自然稳定边坡和人工边坡的调查综合确定。岩石的分类、风化和破坏程度及边坡的高度是决定坡度的主要因素。

(2)边坡高度大于 20 m 的露采坡面,宜采用分层开采、分层防护和护脚与加固等技术措施。当开采坡面较高时,可根据不同的岩石性质和稳定要求开采成折线式或台阶式,台阶式边坡的中部应设置边坡平台(护坡道),边坡平台的宽度不宜小于 2 m,并可根据工程施工机械作业需要适当放宽。

（3）整治后使用要求为建筑边坡时，应满足 GB 50330 的相关规定，在边坡保持整体稳定的条件下，岩质边坡开挖（采）的坡度允许值应根据实际经验，按工程类比的原则并结合已有边坡的坡度值分析确定。对无外倾软弱结构面的边坡，可按表 7.2.1.1-3 确定。

表 7.2.1.1-3　岩质边坡坡度允许值

边坡岩体类型	风化程度	边坡坡度允许值		
		H<8 m	8 m≤H<15 m	15 m≤H<25 m
Ⅰ类	微风化	1:0~1:0.10	1:0.10~1:0.15	1:0.15~1:0.25
	中等风化	1:0.10~1:0.15	1:0.15~1:0.25	1:0.25~1:0.35
Ⅱ类	微风化	1:0.10~1:0.15	1:0.15~1:0.25	1:0.25~1:0.35
	中等风化	1:0.15~1:0.25	1:0.25~1:0.35	1:0.35~1:0.50
Ⅲ类	微风化	1:0.25~1:0.35	1:0.35~1:0.50	
	中等风化	1:0.35~1:0.50	1:0.50~1:0.75	
Ⅳ类	微风化	1:0.50~1:0.75	1:0.75~1:1.00	
	中等风化	1:0.75~1:1.00		

注：1. 表中 H 为边坡高度。
　　2. 下列边坡的坡度允许值应通过稳定性分析计算确定：①有外倾软弱结构面的边坡；②岩质较软的边坡；③坡顶边缘附近有较大荷载的边坡；④坡高超过本表范围的边坡。

7.2.1.2　边坡防护

根据治理区规划要求、边坡特性等具体情况，边坡防护可采取实体式护面墙、干砌片石护坡、浆砌片石防护、混凝土预制块护坡、植物防护、土工织物防护等形式。

1. 实体式护面墙

（1）护面墙多用在一般土质边坡，以及易风化的岩质边坡与其他风化严重的软质岩层和较破碎的岩石地段，以防止继续风化。

（2）护面墙适用的边坡坡度一般不大于 1:0.50。护面墙的厚度视墙高而定（见表 7.2.1.2-1）。

表 7.2.1.2-1　护面墙的厚度参考值

护面墙高度 H（m）	边坡坡度	护面墙厚度（m）	
		顶宽 b	底宽 d
$H≤2$	1:0.50	0.40	0.40
$H≤6$	>1:0.50	0.40	0.40+H/10
$6<H≤10$	1:0.50~1:0.75	0.40	0.40+H/20
$10<H<15$	1:0.75~1:1.00	0.60	0.60+H/20

2. 干砌片石护坡

干砌片石护坡用于防护受到水流冲刷等有害影响的部位,被防护的边坡坡度一般应为 1:1.50～1:2.00。干砌片石防护一般有单层铺砌(见图 7.2.1.2-1)、双层铺砌(见图 7.2.1.2-2)等几种形式,可根据具体情况选用。

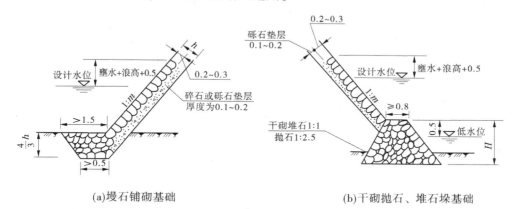

(a)墁石铺砌基础　　　　　　　(b)干砌抛石、堆石垛基础

图 7.2.1.2-1　单层铺砌片石护坡　（尺寸单位:m）

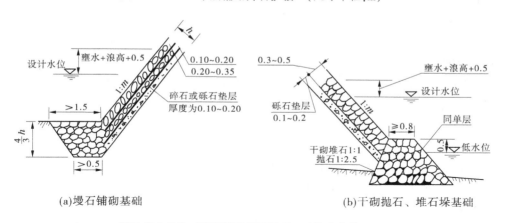

(a)墁石铺砌基础　　　　　　　(b)干砌抛石、堆石垛基础

图 7.2.1.2-2　双层铺砌片石护坡　（尺寸单位:m）

3. 浆砌片石防护

浆砌片石防护适用于边坡缓于 1:1.00 的土质边坡或易风化的岩质边坡。水流流速较大(如 4～5 m/s)、波浪作用较强,以及可能有流冰、漂浮物等冲击作用时,采用浆砌片石防护应结合其他防护加固措施。严重潮湿或严重冻害的土质边坡,未进行排水措施以前,不宜采用浆砌防护。

4. 混凝土预制块护坡

混凝土预制块护坡适用于较大流速和波浪冲击的边坡,其容许流速在 4～8 m/s 以上,而容许波浪高可达 2 m 以上。预制成如图 7.2.1.2-3 所示的六边形,并配置一定的构造钢筋。

5. 植物防护

植物防护工程通过种铺草皮,植草、灌木、树,或铺设工厂生产的绿化植生带等对边坡

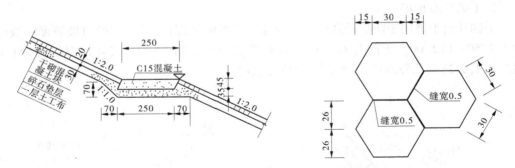

图 7.2.1.2-3　200 mm 厚 C20 混凝土预制块护坡示意图　（尺寸单位:cm）

表层进行防护,以防治表层溜塌、减少地表水入渗和冲刷等,宜与格构、格栅等防护工程结合使用。植物防护工程应达到防止水土流失并兼具美化边坡整治工程及生态环境的效果。

6. 土工织物防护

土工织物是由高分子合成纤维构成的一种新型建筑材料,具有排水、反滤、分隔、加固、防护等作用。

7.2.1.3　地形平整工程

1. 地形平整工程一般采用挖高填低的挖填方工程进行场地平整,在场地平整前须按照有关规定进行表土剥离和表土合理存放,以备覆土时使用。

2. 挖方工程主要包括对废弃、残留矿体(孤丘)等进行挖除、铲平等。开挖后的边坡坡度须符合相关技术规范要求。

3. 填方工程主要包括对低洼区域、采坑及填方边坡等进行回填与压实。

4. 填方土料应符合下列规定:

(1)碎石类土、砂土和爆破石渣可用作表层以下的填料。

(2)含水量符合压实要求的黏性土,可用作各层填料。

(3)碎块草皮和有机质含量大于 8% 的土,仅用于无压实要求的填方。

(4)淤泥和淤泥质土一般不能用作填料,但在软土或沼泽地区,经过处理含水量符合压实要求后,可用于填方中的次要部位。

(5)碎石类土或爆破石渣用作填料时,其最大粒径不得超过每层铺填厚度的 2/3(当使用振动辗时,不得超过每层铺填厚度的 3/4)。铺填时,大块料不应集中,且不得填在分段接头处或填方与山坡连接处。

5. 填方土石方来源应充分利用废弃地内的自身资源,不足部分异地就近获取。

6. 填方基土为软土时,若软土层厚度较小,可采用换土或抛石挤淤等处理方法;若软土层厚度较大,可采用砂垫层、砂井、砂桩等方法加固。

7. 填方基土为杂填土时,应按设计要求加固地基,并应妥善处理基底下的软硬点、空洞、旧基、暗塘等。

8. 在地形、工程地质复杂地区内的填方,且对填土密实度要求较高时,应采取措施(如排水暗沟、护坡等),以防填方土粒流失、不均匀下沉和坍滑等。

9.挖填方、整理后的场地地面应达到规划用地要求。

7.2.1.4 排土场整治

1.排土场整治范围包括废矿堆场、储矿场、渣场等,治理部位包括其顶部、平台和边坡等。

2.可结合废弃地场地整治,将废(尾)矿(土、石、渣)等用于场地平整与低洼区域回填以及高陡边坡坡脚区域的回填压脚。

3.采用坡率法整治时,排土场最终坡度应与土地利用方式相适应,一般为26°～28°,机械作业区坡度小于20°。

4.合理安排岩土排弃次序,应尽量将含不良成分的岩土堆放在深部,品质适宜的土层包括易风化性岩层可安排在中上部,富含养分的土层宜安排在排土场顶部或表层。

5.排水设施满足场地要求。应有控制水土流失的措施,特别是控制边坡水土流失的措施。

6.对于地势较高的矿山,必须评估排土场有无可能形成泥石流,若不符合安全要求必须进行清理或建坝拦挡。

7.对存在崩溃(塌)、滑坡、泥石流等地质灾害隐患的排土场,可采用削方减载或挡土墙等边坡加固与护坡措施。

7.2.1.5 废弃地生活垃圾处置

废弃地生活垃圾处置一般采用焚烧与卫生填埋工艺,其技术要求与控制标准参见 GB 18485 及 GB 50869 等。

7.2.2 地貌景观及土地资源恢复治理工程设计应符合 HJ 651、TD/T 1036、《河南省矿山地质环境恢复治理工程勘查、设计、施工技术要求(试行)》的相关规定。

7.3 植被恢复工程

7.3.1 植被恢复工程要求

7.3.1.1 植被恢复效果应与周边环境相协调,优先采用本土植物,常用植物见附录2。

7.3.1.2 植被恢复应根据场地具体情况,采取平整、覆土等工程措施进行整治,达到相应植被生长要求。

7.3.1.3 对缺乏土壤的露采场和排土场、废石渣场应覆盖客土(或留存的表土),覆土厚度对于灌草不小于 30 cm,对于乔木和经济林不小于 50 cm。

7.3.1.4 对已受污染不适宜农作物、树木或草、灌木生长的矿区土壤应进行改良,更换肥沃土壤,最好是 pH 为 6～8 的壤土。覆土时利用自然降水、机械压实等方法让土壤沉降,使土壤保持一定的紧实度。

7.3.1.5 有一定厚度土层的坡面植被恢复应与造林护坡和种草护坡结合,宜优先采用人工直接种植灌、乔木和草本植物恢复植被,没有特殊景观要求时,宜乔草、灌草或乔灌草相结合。

7.3.1.6 在坡比小于 1:0.3 的岩质陡坡面上可采用穴植灌木、藤本植物恢复植被。应沿边坡等高线挖种植穴(槽),利用常绿灌木的生物学特点和藤本植物上爬下挂的特点,在穴(槽)内栽植,从而发挥其生态效益和景观效益。

7.3.1.7 对于交通干线、城镇可视范围内坡比为 1∶1.0~1∶0.75 的土层瘠薄的岩质边坡，应分台阶、格架绿化。

7.3.1.8 坡比为 1∶1.0~1∶0.25 的非光滑岩坡面可采用喷混植生技术恢复植被。

7.3.1.9 尽量采用新技术和新方法，体现国际国内最新的成果和水平。

7.3.1.10 覆土土壤质量应符合 GB 15618 的有关要求。边坡植被恢复工程设计应符合 GB/T 38360 的要求。

7.3.2 植被种植设计

7.3.2.1 植被配置要求

1. 因地制宜，根据整治的需要，明确植被恢复工程植物群落的发展方向，合理建立植物群落，确定适宜的治理目标。

2. 选择植物生物学、生态学特性与立地条件相适应，适应当地的气候条件、土壤条件（水分、pH、土壤性质等），稳定性好、抗性强的植物。

3. 适地适树（草），以地带性植被、乡土植物为主，适当引进外来植物。需要引进外来树种时，应选择经引种试验并达到 GB/T 14175 标准的树种。

4. 乔、灌、藤、草相结合，丰富生物多样性，构建立体生态防护体系，更贴近自然景色。

7.3.2.2 种植设计

1. 林种、树种（草种）、苗木、插条、种子的数量、来源、规格及其处置与运输要求，造林种草方式方法与作业要求，乔灌木树种与草本、藤本植物的栽植配置（结构、密度、株行距、行带的走向等），整地方式与规格，整地与栽植（直播）的时间应根据总体设计等规划设计文件及造林作业区调查情况确定。

2. 种植苗木应根系发达、生长苗壮、无病虫害，规格及形态应符合设计要求。

3. 苗木挖掘、包装应符合现行行业标准 CJ/T 34 等的规定。

4. 苗木选择标准应符合 GB/T 6000、GB/T 18337.3 等的相关规定。

5. 矿区废弃地植树造林树种选择、树种配置、栽植密度等技术要求可按照 GB/T 15776、GB/T 51018 等的相关规定执行。

7.3.2.3 播种设计

1. 播种量设计

对于播种绿化，播种量随土壤及种子的性质不同而不同，不同的植物种子的发芽率与成活率不同。在不同的地质气候条件下，种子的发芽率与成活率也可能不同，应给予适当的修正，以达到期望的绿化效果。植物种子的播种量按公式 $W = \dfrac{G(1+Q)}{S \times P \times B}$ 进行计算。其中：W 为 1 m² 经发芽障凝修正后的播种量，g/m²；G 为期望成活株数，株/m²；S 为平均粒数，粒/g；P 为种子纯度（%）；B 为发芽率（播种前应自行鉴定）（%）；Q 为发芽障凝修正率值（%），参考表 7.3.2.3-1 取用。

表 7.3.2.3-1 不同地质条件下发芽障凝修正率值

地质条件	修正值 Q(%)	地质条件	修正值 Q(%)
砂砾石土壤	+20	特别潮湿地	+10
干旱地	+10	缓坡地	−10
特别干旱地	+20	高边坡	+20

2. 混播设计

护坡植物种采用多种种子混播更易于形成稳定的植物群落,混播的不同植物种必须考虑植物种间的生态生物型的搭配是否合理。对于护坡所用的外来植物种,一般混播 4～6 种牧草就可满足要求。据植物种的多样性理论和种群的生态位原理,确定混播植物种的选型原则如下:

(1)每种植物种须满足坡面植物种的选型原则。

(2)一般应包括禾草本、灌木及小乔木的植物种。

(3)植物种的生物生态型要互相搭配,以便减少生存竞争的矛盾,如浅根与深根的配合,根茎型与丛生型的搭配等。

(4)不同植物种的发芽天数尽可能相近,否则有可能造成发芽缓慢的植物种很快被淘汰。

(5)植物种的选择应结合坡面朝向(阴阳面)及坡面的坡度。

(6)一年后,坡面植被应以乔木、灌木为主,根据植被种类,以 8～12 株/m² 为宜,并根据生长和发育情况进行适当间伐。

(7)坡面植被的常绿品种应占总数的 1/3 以上,以与周边自然环境相协调。

7.3.2.4 草坪、花卉种植设计

1. 草坪种植应根据不同地区、不同地形选择播种、分株、茎枝繁殖、植生带、铺砌草块和草卷等方法。

2. 坡地和大面积草坪铺设可采用喷播法。

3. 同一行混播应按确定比例混播在一行内,隔行混播应将主要草种播在一行内,另一草种播在另一行内。

4. 分株种植应 5～7 株分为一束,按株距 0.15～0.20 m,呈品字形种植,穴深 60～70 mm。

5. 茎枝繁殖宜取茎枝或匍匐茎的 3～5 个节间,穴深应为 60～70 mm,埋入 3～5 枝,其露出地面宜为 30 mm,并踏实、灌水。

6. 种植花苗的株行距,应按植株高低、分蘖多少、冠丛大小确定。以成苗后不露出地面为宜。

7. 水生花卉应根据不同种类、品种习性进行种植。为适应水深的要求,可砌筑栽植槽或用缸盆架设水中,种植时应牢固埋入泥中,防止浮起。

8. 对漂浮类水生花卉,可从产地捞起移入水面,任其漂浮繁殖。

9. 主要水生花卉最适水深,应符合表 7.3.2.4-1 的规定。

表 7.3.2.4-1　水生花卉最适水深

类别	代表品种	最适水深(mm)	备注
沉水类	菖蒲、千屈菜	5～100	千屈菜可盆栽
挺水类	荷、宽叶香蒲	1 000 以内	
浮水类	芡实、睡莲	500～3 000	睡莲可水中盆栽
漂浮类	浮萍、凤眼莲	浮于水面	根不生于泥土中

7.3.2.5　道路绿化

1. 道路绿化应以乔木为主,乔木、灌木、地被植物相结合。

2. 植物种植应适地适树并符合植物间伴生的生态习性,不适宜绿化的土质,应改善土壤进行绿化。

3. 道路绿地应根据需要配备灌溉设施,道路绿地的坡向、坡度应符合排水要求并与治理区内排水系统相结合,防止治理区积水和水土流失。

4. 道路绿化应远近期结合。路侧绿带宜与相邻的治理区域其他绿地相结合。

5. 矿区废弃地治理后作为旅游风景区时,其园林景观应配置观赏价值高、有地方特色的植物。在植物配置上应相互配合,并应协调空间层次、树形组合、色彩搭配和季相变化的关系。其绿化应结合自然环境,突出自然景观特色。

7.3.2.6　高陡岩质边坡绿化新技术

对于"三区两线"、交通干线、城镇可视范围内、地质公园、风景区等绿化要求高的区域内的高陡岩质边坡,可根据环境和气象条件等因素选择性地采取新型技术,如飘台种植槽绿化、柔性生态袋护坡绿化、生态混凝土护坡绿化、蜂巢格室柔性生态挡墙护坡绿化、植生袋护坡绿化等进行绿化。

1. 方案设计

(1)制定绿化技术路线。根据确定的绿化模式和绿化措施,制定边坡绿化技术路线,可以采用一种绿化措施制定,也可以采用多种绿化措施进行优化组合集成。绿化技术路线应反映出高陡边坡绿化总体思路和绿化方式、绿化工艺流程和具体步骤。

(2)确定高陡边坡绿化的工艺参数。高陡边坡绿化技术的工艺参数应通过前期勘查和(或)现场试验获得。工艺参数包括但不限于植物基质的保水性、抗剥落能力、养护条件、养护系统的扬程、需水量、能耗、作业区面积等。

(3)估算绿化工程量。根据技术路线,按照确定的单一绿化技术或绿化技术组合的方案,结合工艺流程和参数,估算每个绿化方案的绿化工程量。

(4)绿化方案比选。从确定的单一绿化措施及多种绿化措施组合方案的主要技术指标、工程费用估算和施工难易程度等方面进行比选,最后确定最佳绿化方案。

2. 绿化新技术

1)飘台种植槽绿化技术

(1)飘台种植槽的结构形式除直板式外,还可以采用 V 形、U 形、L 形等。设计时一定要对坡面现状、地质地貌、植被群落、气候条件等进行认真调查和分析,因地制宜地设计方案。针对坡面不同情况,设计不同类型种植槽结构,并对飘台种植槽构件的荷载进行稳定性计算分析,设计极限承载力,满足承载的需要,选择合理的锚杆参数。

(2)种植槽内物种的配置以"上爬、中挡、下垂、中间有花草"为基本原则,上爬下垂种植选择攀爬能力较好的藤本物种;中挡物种选择有一定冠幅的灌木和亚乔木类型的木本植物(宜选择常绿植物);中间区域可以结合项目种植能快速体现效果的花草植被种。物种可以分别按不同组合进行配置,以满足不同的工程环境需要。

(3)设计内容包括坡面清理、锚固钢筋布设、浇筑混凝土种植槽、基质配制及回填、喷灌系统、植物种植、养护。

2)柔性生态袋护坡绿化技术

生态袋在各种类型的边坡坡面或坡脚以不同方式叠砌码放,起到拦挡防护、防止土壤侵蚀的作用,同时可以结合相关的植物措施恢复植被。该技术对坡面质地无限制性要求,尤其适宜于坡度较大的坡面,是一种见效快且效果稳定的坡面植被恢复方式。技术要求如下:

(1)生态袋是由聚丙烯或聚酯纤维为原料制成的双面熨烫针刺无纺布加工而成的,指标要求必须达到抗紫外线、耐腐蚀、不降解、易于植物生长等。

(2)填充材料应采用适于植物生长的基质营养混合料(本地植壤土为主),并掺入一定量的有机肥及保水材料以利于植被生长。

(3)生态袋必须配置必要的附件(联结扣、扎口线或扎口带),并结合土工格栅、铁丝网等使用。

3)生态混凝土护坡绿化技术

植生型高强生态混凝土简称生态混凝土,也称植生混凝土、绿化混凝土,是指将特定级配的粗骨料、少量的细骨料、生态混凝土专用添加剂、水泥等按配合比混合、加水拌和而成的具有良好力学性能、耐久性并可实现景观绿化的混凝土。生态混凝土具有普通混凝土所不具备的诸多优点,如强度高、透水性强、孔隙率大、孔径合理等。与普通混凝土相比,生态混凝土的最大特点是其中存在大量闭合或连续的孔隙,具有良好的透水、透气能力,可使植物根系深入并穿透混凝土,集安全性与景观性于一体,广泛应用于河湖治理、水库岸坡及消落带、道路边坡防护、市政排水、透水路面等诸多领域。

4)蜂巢格室柔性生态挡墙护坡绿化技术

蜂巢格室柔性生态挡墙护坡绿化技术是将高强度蜂巢格室用多层退台式叠砌的方式建设,采用高分子土工材料如土工格栅等加筋和配套的锚杆加固联结形成的挡墙结构。利用填充材料与蜂巢格室之间的摩擦阻力和蜂巢格室对填充材料的侧向约束力,形成具有较大抗剪强度和刚度的墙体结构,且具有一定的柔性。蜂巢格室自身及相邻的蜂巢格室之间能够产生一定的侧向变形,从而减小墙背的侧向土压力,能更好地适应地基变形,对地基承载力要求低,且变形后应力会重新分配,而不会发生突然破坏。此外,在台阶状墙面的台阶面上覆盖有植物营养种植层,柔性生态挡墙堆砌完毕之后,在其表面种植各种低矮型花、草、灌木等植被,通过工程养护从而可实现墙面的绿化,形成完整的柔性生态挡墙护坡系统并达到美观的效果。

植草护坡在各地区均可应用,应保证养护用水的持续供给,适用于边坡坡率缓于1:1

的泥岩、灰岩、砂岩等稳定岩质挖方边坡或路堤边坡,当坡率陡于1:1时慎用。

　　5)生态袋护坡绿化技术

　　(1)主要用在荒山、矿山修复、高速公路边坡绿化、河岸护坡、内河整治及水利河道边坡等工程。

　　(2)常规的植生袋分五层,最外层及最内层为尼龙网(聚乙烯编制网),次外层为可降解的无纺布或纸浆,中层为设定配比好的多种植物种子(根据需求也可适当增加营养基、保水剂、缓释长效复合肥、生物菌等混合料),次内层为能在短期内可降解的无纺布或者纸浆。

　　(3)生态袋平面尺寸范围可根据设计及工程要求订制生产,常用的尺寸有 40 cm×60 cm、40 cm×80 cm;加工内置封口绳带,用尼龙线或粗棉线缝制。

　　(1)生态袋装土成型后的体积计算公式:

　　长度=生态袋的长度-(12~15 cm);

　　宽度=生态袋的宽度×0.7;

　　高度=生态袋的高度×0.35。

　　(2)生态袋护坡绿化的设计必须严格按照其适应性及边坡综合分析进行,图纸中根据项目坡面现状条件设定植生袋理论用量及规格尺寸,并筛选合理的植物配置。

7.3.3　植被养护灌溉工程

7.3.3.1　喷灌工程

　　喷灌是指利用喷头等专用设备把有压力水喷洒到空中,形成水滴落到地面和作物表面的喷水方式。

　　1. 使用条件

　　需设置高位水池和喷灌系统。

　　2. 技术标准

　　(1)灌水管理:灌水定额、灌水周期和灌水次数根据当地试验资料或通过实地调查确定。

　　(2)喷灌均匀系数:在设计风速下,喷灌均匀系数不应该低于75%,但对行喷式喷灌系统,不应低于85%。

　　(3)喷灌强度:对于定喷式喷灌系统,不同质地土壤的允许喷灌强度按表7.3.3.1-1确定。当地面坡度大于5%时,允许喷灌强度应按表7.3.3.1-2折减。

表 7.3.3.1-1　各类土壤的允许喷灌强度

土壤类别	允许喷灌强度(mm/h)	土壤类别	允许喷灌强度(mm/h)
沙土	20	壤黏土	10
沙壤土	15	黏土	8
壤土	12		

表 7.3.3.1-2 坡地允许喷灌强度降低值

地面坡度(%)	允许喷灌强度降低值(mm/h)	地面坡度(%)	允许喷灌强度降低值(mm/h)
5~8	20	13~20	60
9~12	40	>20	75

（4）雾化指标：根据喷头工作压力水头和主喷嘴直径的比值确定，对于主喷嘴为圆形且不带碎水装置的喷头，设计雾化指标应符合表 7.3.3.1-3 的要求。

表 7.3.3.1-3 雾化指标

种类	h_p/d 值
蔬菜及花卉	4 000~5 000
粮食作物、经济作物及果实	3 000~4 000
牧草、饲料作物、草坪及绿化林木	2 000~3 000

注：表中 h_p 为喷头工作压力水头(m)；d 为喷头主喷嘴直径(m)。

7.3.3.2 微灌工程

微灌是指利用微灌设备组装成微灌系统，将有压力水输送分配到田间，通过喷水器以微小的流量湿润作物根部附近土壤的一种局部灌水技术。

1.适用条件

微灌主要适用于露采场林草地生态修复灌溉，以解决该区水源缺乏问题。

微灌可以按不同的方法分类，按所用的设备（主要是灌水器）及出流形式不同，主要有滴灌、微喷灌、小管出流灌和渗灌四种。

（1）滴灌：通常将毛管和灌水器放在地面，也可以把毛管和灌水器埋入地面以下 30~40 cm。前者称为地表滴灌，后者称为地下滴灌。滴灌灌水器的流量为 2~12 L/h。

（2）微喷灌：微喷头有固定式和旋转式两种。前者喷射范围小，水滴小；后者喷射范围较大，水滴也大些，故安装的间距也大。微喷头的流量通常为 20~250 L/h。

（3）小管出流灌：利用 $\phi4$ 的小塑料管与毛管连接作为灌水器。小管灌水器的流量为 80~250 L/h。

（4）渗灌：利用一种特别的渗水毛管埋入地表以下 30~40 cm。渗灌毛管的流量为 2~3 L/(h·m)。

2.技术要求

（1）灌水管理：灌水定额、灌水周期和灌水次数应根据当地试验资料或通过实地调查确定。微灌用水必须经过严格过滤净化处理，系统只适用于清洁的井、泉水源。

（2）管材：固定微喷灌管材选择 PVC 或镀锌钢管，地面移动管道选择带快速接头的PE 管或涂塑软管。滴灌管材以 PE 管为主。

（3）管道配置：支管以上各级管道的首端宜设控制阀，地埋管道的阀门处应设阀门井。在管道起伏的高处、顺坡管道上端阀门的下游及逆止阀的上游均应设进、排气阀。在干、支管的末端应设冲洗排水阀。

7.3.3.3 养护水塘、高位水池

1. 依据矿山地形条件或林地养护需求，可在露采场底盘布设养护水塘。对于露天采空区形成较深、大的矿坑，为减少开挖取土填方对采空区周边生态的破坏，可采用"挖深垫浅"的方法整治，挖掘深水区使之为蓄水塘库。也可利用地形在露采场坡顶修筑高位水池，以达到蓄水和林地灌溉的需求。

2. 露采场底盘养护水塘、露采场坡顶高位水池的设计多见于大面积采煤塌陷修复单元修复为耕地的情况。对矿山面积较大的林地修复区，也可以按实际情况而设。

7.3.4 植被恢复工程设计应符合 GB/T 15772、GB/T 15776、GB/T 16453.1~16453.6、GB/T 18337.3、GB/T 21010、GB/T 38360、GB 6000、GB 7908、HJ 651、《河南省矿山地质环境恢复治理工程勘查、设计、施工技术要求(试行)》的相关规定。

7.4 污染土地修复工程

根据矿区土地污染类型、污染程度和设计土地利用方向等，选择工程修复技术、物理-化学修复技术、生物修复技术以及联合修复技术等污染土地生态修复措施。具体修复措施执行本《导则》8.8 节规定。

7.5 含水层修复治理工程

7.5.1 对于含水层顶底板结构破坏的治理，可采用防渗帷幕、防渗墙工程措施封堵含水层顶底板破坏处周围的含水层，避免含水层结构地下水的流失，治理恢复其隔水层功能。地表水可采用防渗铺垫措施减少地表水渗漏。

7.5.2 对于地下水位下降、水量减少(或疏干)的治理，可采用防渗帷幕拦截主要导水通道和对自然溢水井口封堵等堵截工程措施治理，减少含水层中地下水的溢出和防止地下水串层，减少疏干排水量。

7.5.3 对于地下水水质污染的治理

7.5.3.1 地下水水质污染的治理坚持"源头控制、预防为主、防治结合"的原则。

7.5.3.2 可采用防渗帷幕、防渗墙等措施封堵顶底板破坏处周围的含水层，防止受污染或不良水质的含水层与主要供水含水层串通。

7.5.3.3 可采用防渗铺垫方法防治采矿产生的有毒有害矿坑水、选矿尾水，以及废石、废渣堆场、尾砂库区的淋滤水渗入主要供水含水层。

7.5.3.4 对于油类污染物可采取物理(被动收集法、围油栏法、吸附法、空气注入修复技术)、化学(燃烧法、化学氧化法)、生物处置法等措施进行修复。

7.5.3.5 对于重金属污染物可采取投加药剂法、吸附剂法、抽出处理法、水动力控制法、渗透反应格栅、地下帷幕阻隔技术、电动原位修复技术等措施进行修复。

7.5.3.6 对于化学品类污染物可采取活性炭吸附法、加药法、加热法、原位冲洗法、原位稳定-固化法、植物处理法、空气注入修复技术、透水性反应墙法、抽出处理法等措施进行修复。

7.5.4 在选择地下含水层修复治理措施时，应考虑污染物的性质、运移及其反应产物，并考虑污染物和水文地质条件共同作用的复杂性。特别是遇到混合污染与(或)场地之间有明显的水力联系问题时,应严格选择治理措施。

7.5.5 地下含水层修复治理工程设计按照 GB 50108、SL 219、HJ 651、HJ 2015 等规范执行。矿区水环境治理应满足 HJ 651、GB 3838、GB/T 14848 等的规定。

7.6 地质景观工程

7.6.1 应根据矿山类型、气候条件、交通区位、社会经济等综合规划设计。

7.6.2 对自然环境优美、具有观赏价值、有区位优势、交通方便的,可适当考虑地质景观工程设计。对具有观赏价值、科学研究价值的矿业遗迹,鼓励开发为矿山公园。

7.6.3 地质景观工程设计应符合 HJ 651、HJ 652、DB41/T 819、《河南省矿山地质环境恢复治理工程勘查、设计施工技术要求(试行)》的相关规定。

7.7 废弃设施拆除工程

7.7.1 矿山废弃设施主要包括厂房、材料库、修理间、围墙,以及筒仓、烟囱、水塔、矿山井架等附属设施。

7.7.2 应结合废弃设施结构特性、场地条件、环境保护要求等选择合适的拆除方法。

7.7.3 矿山废弃设施拆除可采取人工拆除、机械拆除、爆破拆除、静力破碎拆除等方法,同样适用于农村(乡镇)废弃建筑物等的拆除。

7.7.3.1 人工拆除

1. 对于木结构、砖木结构、檐口高度 10 m 以下的砖混结构等建筑,宜采用人工拆除;对于因环境不允许采用爆破、机械拆除的,必须采用人工拆除。

2. 人工拆除作业必须按建造施工工序的逆顺序自上而下、逐层、逐个构件、杆件进行;对在拆除过程中容易失稳的外挑构件必须先行拆除;承重的墙、梁、柱,必须在其所承载的全部构件拆除后再进行拆除。

3. 对于拆除物檐口高度大于 2 m 或屋面坡度大于 30°的建筑物,应搭设施工脚手架,落地脚手架首排底笆应选用不漏尘的板材铺设;拆除工程施工中应检查和采取相应措施,防止脚手架倒塌。

4. 拆除坡度大于 30°的屋面和石棉瓦屋面、冷摊瓦屋面、轻质钢架屋面,操作人员应系好安全带,并有防滑、防坠落措施。拆除屋架应在屋架顶端两侧设置缆风绳,防止屋架意外倾覆;屋架跨度大于 9 m 时,应采用起重设备起吊拆除。

5. 混凝土及钢筋混凝土建筑物及构筑物均应采用粉碎性拆除。

6. 切割钢筋混凝土建筑物、构筑物时宜采用低噪声切割方式。

7.7.3.2 机械拆除

1. 机械拆除适用于各类结构的建筑物、构筑物。

2. 拆除机械使用前或交接使用时应对各种安全防护、监测、报警装置,升降、变幅、旋转、移动等系统进行调试检查,机械各项性能安全、完好,方可使用或交接。

3. 为提高拆除机械的作业高度,可用渣土铺设坡道和作业平台,坡道和作业平台应符合下列要求:

(1)坡道的最高点不得高于 3 m;

（2）坡道坡面的宽度不得小于拆除机械机身两履带间宽度的 1.5 倍；

（3）坡道两侧的坡度不得大于 45°；

（4）坡道、作业平台应用机械填平、压实；

（5）作业平台的大小应满足拆除机械操作、调头、换位和危险时撤离的需要。

7.7.3.3　爆破拆除

1.爆破拆除适用于各类结构的建筑物、构筑物。

2.爆破倒塌方式的选择应符合下列要求：

（1）定向倒塌方式，其倒塌方向的散落物应控制在建筑物高度的 1.2 倍范围内；

（2）折叠式倒塌方式，其前方散落物应控制在建筑物高度 1 倍范围内；

（3）逐跨塌落倒塌方式，其前后的散落物应控制在建筑物高度的 50% 范围内；

（4）原地倒塌方式，四周散落物应控制在建筑物底层高度范围内。

3.爆破拆除应编制专项施工设计方案，按照拆除建筑物的结构特征制定相应的工作方法、工作量等。

7.7.3.4　矿山废弃设施拆除工程设计应符合 GB 6772、JGJ 147、CJJ 134、HJ 651、《河南省矿山地质环境恢复治理工程勘查设计、施工技术要求（试行）》相关规定。

7.8　排水工程

7.8.1　地表排水工程

7.8.1.1　地表排水工程应根据矿区实际情况合理地选定设计标准，防洪标准应按 50 年一遇设计。

7.8.1.2　地表汇水流量计算，可按照《河南省矿山地质环境恢复治理工程勘查、设计、施工技术要求（试行）》的相关规定。

7.8.1.3　排水沟断面形状可为矩形、梯形、复合型及 U 形等。梯形、矩形断面排水沟易于施工，维修清理方便，具有较大的水力半径和输移力，在排水工程设计时应优先考虑。

7.8.1.4　地表排水工程水力设计，应首先对排水系统各主、支沟段控制的汇流面积进行分割计算，并根据设计降雨强度和校核标准分别计算各主、支沟段汇流量和输水量；在此基础上，确定排水沟断面或校核已有排水沟过流能力。

7.8.1.5　排水沟进出口平面布置，宜采用喇叭口或八字形导流翼墙。导流翼墙长度可取设计水深的 3~4 倍。

7.8.1.6　当排水沟断面变化时，应采用渐变段衔接，其长度可取水面宽度之差的 5~20 倍。

7.8.1.7　排水沟的安全超高，不宜小于 0.4 m，最小不小于 0.3 m；对弯曲段凹岸，应考虑水位壅高的影响。

7.8.1.8　排水沟弯曲段的弯曲半径，不得小于最小容许半径及沟底宽度的 5 倍。应满足《河南省矿山地质环境恢复治理工程勘查、设计、施工技术要求（试行）》相关规定。

7.8.1.9　在排水沟纵坡变化处，应避免上游产生壅水。断面变化，宜改变沟道宽度，深度保持不变。

7.8.1.10　设计排水沟的纵坡，应根据沟线、地形、地质以及与山洪沟连接条件等因素确定,并进行抗冲刷计算。当自然纵坡大于 1:20 或局部高差较大时,可设置陡坡或跌水。

7.8.1.11　跌水和陡坡进出口段,应设导流翼墙,与上、下游沟渠护壁连接。梯形断面沟道,多做成渐变收缩扭曲面;矩形断面沟道,多做成"八"字墙形式。

7.8.1.12　陡坡和缓坡连接剖面曲线,应根据水力学计算确定;跌水和陡坡段下游,应采用消能和防冲措施。当跌水高差在 5 m 以内时,宜采用单级跌水;当跌水高差大于 5 m 时,宜采用多级跌水。

7.8.1.13　排水沟宜用浆砌片石或块石砌成;地质条件较差,如坡体松软段,可用毛石混凝土或素混凝土修建。砌筑排水沟砂浆的标号,宜用 M7.5 ~ M10。对坚硬块片石砌筑的排水沟,可用比砌筑砂浆高一级标号的砂浆进行勾缝,且以勾阴缝为主。毛石混凝土或素混凝土的强度等级,宜用 C10 ~ C15。

7.8.1.14　陡坡和缓坡段沟底及边墙应设伸缩缝,缝间距为 10 ~ 15 m。伸缩缝处的沟底应设齿前墙,伸缩缝内应设止水或反滤盲沟或同时采用。

7.8.2　地下排水工程按照本《导则》6.2.5 条执行。

7.8.3　排水工程设计应符合 GB 50003、GB 50007、GB 50010、GB 50026、GB 50332、GB/T 50600、HJ 651、《河南中小流域设计暴雨洪水图集》(河南省水文水资源局 2005 版)、《河南省矿山地质环境恢复治理工程勘查、设计、施工技术要求(试行)》相关规定。

8　土地综合整治工程

8.1　一般规定

8.1.1　工程设计应在建设条件调查与分析的基础上,按照土地整治类型和工程建设标准进行,达到项目区工程协调一致、科学合理。

8.1.2　田间基础设施占地率不应高于8%,田间基础设施涉及的地类按照GB/T 21010规定执行。

8.1.3　应根据当地经济社会发展水平、基础设施的重要程度和相关设施的关联程度,确定基础设施设计适用年限,不应低于15年。

8.1.4　耕地质量等别应达到所在县同等自然条件下耕地的较高等别,耕地质量等别评定应按照GB/T 28407的规定执行。

8.1.5　复垦后的耕地土壤环境质量符合GB 15618规定的Ⅱ类土壤环境质量标准。复垦后的土地应满足TD 1034质量控制标准。

8.1.6　工程设计应积极采用新技术、新材料、新设备和新工艺,做到因地制宜、经济实用、节约资源、安全环保、方便管理。

8.1.7　工程设计应符合国家现行有关标准的规定。

8.1.8　土地平整应满足灌溉、排水和田间耕作等要求,有利于提高水肥利用效率和灌水均匀度,促进作物生长及防止水土流失,便于管理。

8.1.9　土地平整时,应先进行单元划分,并应符合以下原则。

8.1.9.1　平原地区宜以末级固定道路或沟渠控制的田块作为平整单元,山地丘陵区宜以一个梯田台面作为平整单元。

8.1.9.2　渠道自流灌区宜以满足末级灌水单元及其水位衔接条件的格田作为平整单元。

8.1.9.3　对于低(洼)地回填或高地降低高程的,可将该区域内土方量实现自身平衡的局部低(洼)地或局部高地作为平整单元。

8.1.10　应先对布局不合理、零散的田块进行归并和集中,需要合并的田块,应通过挖高填低,实现田块内部土方的挖填平衡和工程量最小,当不能实现田块内部土方挖填平衡时,应按照就近原则进行土方调配。

8.1.11　水源工程及渠道、渠系建筑物等应设计安全警示标志或安全防护设施。

8.2　土地平整工程

8.2.1　耕作田块修筑

8.2.1.1　条田

1.田面高程设计应因地制宜,并与灌排工程设计相结合,使挖填土方量最小。

2.地形起伏小、土层厚的旱涝保收农田田面设计高程根据土方挖填量确定。

3.以防涝为主的农田,田面设计高程应高于常年涝水位0.2 m以上。

4.地下水位较高的农田,田面设计高程应高于常年地下水位0.6 m以上。

8.2.1.2 格田

平原地区水稻田宜采用格田形式,格田设计应保证排灌畅通,灌排调控方便。水田区内格田埂高宜为 20~40 cm,顶宽宜为 10~20 cm。

8.2.1.3 梯田

1. 水平梯田断面要素和工程量计算可按 TD/T 1012 的规定执行。

2. 其他断面形式的梯田设计参照 GB/T 16453.1 的规定执行。

3. 在易造成冲刷的土石山区,应就地取材修筑石坎,在土质黏性较好的区域,宜采用土块;在土质稳定性较差、易造成水土流失的地区,宜采用石坎、土石混合或植物坎。

4. 梯田田坎设计应遵循安全稳定、占地少、用工省的原则,因地制宜地选用田坎材料。土质黏着力愈小或田坎愈高,田坎外侧应愈缓。土坎高度不宜超过 2 m,石坎高度不宜超过 3 m,超出上述范围时,应按土力学方法计算田坎稳定性。

8.2.1.4 其他田块

1. 台田设计应体现因地制宜的原则,盐碱化地区的田面设计高程应满足压盐排碱的要求。

2. 坂田和塝田、冲田等可参照条田的规定进行设计,岗洼田可参照格田的规定进行设计。

8.2.1.5 土方计算

1. 田块土地平整需计算田块内部挖填、客土回填土方量、埂坎修筑和田块翻耕等工程量。

2. 田块内部挖填土方量计算按 TD/T 1039 的规定执行,地形虽有起伏但变化比较均匀、不太复杂的地区宜采用散点法;平坦及高差不太大、地形比较平缓,且田块形状比较方正的地区宜采用方格网法;高差变化、地形起伏较大及垂直挖深度较大,截面又不规则的地区宜采用截面法。

8.2.1.6 土方调配

1. 应对挖、堆、填方案进行优化,确定土方的调配方向和数量。

2. 应合理划分施工区段,区段内挖填平衡,挖(填)方量与运距的乘积之和应最小。

3. 应考虑近期施工与后期利用相结合,与地下构筑物的施工相结合。

8.2.2 耕作层地力保持

8.2.2.1 客土回填

1. 应根据土壤质地合理选择客土土源,位置宜接近项目区,理化性状和肥力应满足作物生长的要求。

2. 回填后的田块耕作层厚度应满足要求,宜结合翻耕改良耕作层土壤质地。

8.2.2.2 表土保护

1. 土地平整或坡改梯时,应将表土层剥离,剥离厚度应根据耕作层厚度确定。

2. 应合理设置表土堆放,减少占地和运输成本。表土堆放周围应设临时排水沟。

3. 表土回填率不应低于 90%,在水土流失区和风沙区宜采取覆盖等措施保护表土。

8.2.2.3 土地平整工程设计应符合 TD/T 1012、《河南省土地开发整理工程建设标准》(豫国土资发〔2010〕105 号)相关规定。

8.3　灌溉与排水工程

8.3.1　水源工程

8.3.1.1　塘堰(坝)

1. 塘堰(坝)应设置坝体(塘埂)、放水建筑物、泄水建筑物等。

2. 塘堰(坝)容积应根据汇水面积、来水量、复蓄次数、灌溉需水量确定,设计蓄水位应根据蓄水量、地形条件等计算确定。

3. 塘堰(坝)供水量宜按复蓄次数法、抗旱天数法、塘堰径流法计算,按照 TD/T 1012 执行。

4. 塘堰(坝)采用混凝土和砌石材料时应按 SL 319 和 SL 25 中的有关规定设计。

8.3.1.2　小型拦河坝

1. 小型拦河坝(壅水坝或溢流坝)宜由坝体、防渗铺盖、消力池、海漫及防冲槽等部分组成,两岸可由上游护坡、翼墙、边墩、下游翼墙和护坡组成。取水口应与下游输水工程衔接。

2. 坝顶和下游部分宜做成溢流面,溢流面由顶部曲线段、下游面中间直线段和下部反弧段三部分组成,反弧段尺寸主要由下游消能防冲要求确定。

3. 设计流量应取设计频率的天然洪峰流量。

4. 坝顶高程的确定,可根据引取河道流量的大小,按以下情况确定:

(1)取水工程需要引取河道枯水期全部流量时,坝顶高程等于取水工程设计水位加安全超高。

(2)取水工程引取流量小于河道枯水期流量时,坝顶高程等于取水工程设计水位减去溢流水深。

5. 溢流段长度可根据坝顶泄流量及单宽流量来确定,单宽流量由河床地质条件确定。

8.3.1.3　管井

管井单井设计出水量、控制面积、井距、井数的确定应符合 GB/T 50625 的规定,成井后应进行抽水试验,并应复核设计出水量、动水位等。计算按照 TD/T 1012 执行。

管井设计应符合下列规定:

(1)井深应根据拟开采含水层(组、段)的埋深、厚度、地下水类型、水质、富水性及其出水能力等因素综合确定。

(2)井深大于 150 m 时,宜采用钢管、钢筋混凝土管;井深小于 150 m 时,宜采用混凝土管或塑料管材。

(3)沉淀管长度应根据含水层岩性和井深确定,松散地层时,浅井宜为 2～4 m,深井宜为 4～8 m;基岩时,宜为 2～4 m。

(4)过滤器类型应根据含水层的性质选用,主要包括填砾过滤器和非填砾过滤器。

(5)在均质含水层中设计过滤器,含水层厚度小于 30 m 时,宜取含水层厚度或设计动水位以下含水层厚度,含水层厚度大于 30 m 时,宜根据含水层的富水性和设计出水量确定;非均质含水层中的过滤器应安置在主要含水层部位,层状非均质含水层,过滤器累计长度宜为 30 m,裂隙、溶洞含水层,过滤器累计长度宜为 30～50 m。

（6）设计过滤管直径时,应根据设计出水量、过滤管长度、过滤管面层孔隙率和允许过滤管进水流速确定。

8.3.1.4　大口井

1.设计出水量、控制面积、井距的确定及结构设计应根据 GB/T 50625 的规定执行。

2.宜根据水文地质条件、施工条件、施工方法和当地建材等因素选择圆筒形、阶梯形和缩颈形。

3.井深和井径设计应符合下列规定:

（1）井深应根据含水层岩性、厚度、地下水埋深、水位变幅和施工条件等因素确定,基岩中的大口井宜将井底设在富水带下部。

（2）井径应按水文地质条件、设计出水量、抽水设备、施工条件、施工方法和工程造价等因素确定。

4.井筒壁厚设计应符合下列规定:

（1）井筒材料强度等级,砖应大于 MU7.5,砌石应大于 MU20,混凝土应大于 C10,钢筋混凝土中的混凝土应大于 C15,钢板应为碳素结构钢 Q235。

（2）井筒壁厚与配筋应根据设计井深、土压力、地下水埋深等条件通过结构计算确定。

8.3.1.5　蓄水池

蓄水池主要包括池体、沉沙池等,有开敞式和封闭式两种类型。

蓄水池设计应符合下列规定:

1.蓄水池的分布与容积,应根据坡面径流总量、蓄排关系和修建省工、使用方便等原则,因地制宜地确定。

2.蓄水池容积宜为 $100 \sim 1\ 000\ m^3$,具体可按照 TD/T 1012 设计。

3.应根据当地地形和容积确定蓄水池的形状、面积、池深等;蓄水池应设进水口与溢流口,口宽宜为 $0.4 \sim 0.6\ m$,口深宜为 $0.3 \sim 0.4\ m$。土质蓄水池的进水口和溢流口应进行衬砌。

4.沉沙池宜设计在蓄水池进水口上游附近,沉沙池宜为矩形,宽 $1 \sim 2\ m$,长 $2 \sim 4\ m$,深 $1.5 \sim 2.0\ m$。沉沙池的进、出水口可参照蓄水池进水口尺寸设计,宜采用石料、砂浆砌砖或混凝土砌护。

5.当蓄水池需设计引水渠时,过水断面与比降可参考明渠均匀流设计。

8.3.1.6　水窖

1.不同水质条件的地区宜选择与之相适应的窖型结构。不同土质的适应建窖类型见表 8.3.1.6-1。

2.井式水窖由窖筒、旱窖、水窖三部分组成;窖式水窖由水窖、窖顶、窖门三部分组成。水窖容积、数量、结构形式应结合当地实际情况,按照 GB/T 16453.4 的相关规定进行设计。

表 8.3.1.6-1　不同土质的适应建窖类型

土质条件	适应建窖类型	建窖容积(m³)
土质条件好,质地坚实的黄土或 红土区	传统土窖	30~40
	水泥砂浆薄壁窖	40~50
	窑窖	60~80
土质条件一般的壤质土区	混凝土盖碗窖	50~60
	钢筋混凝土窖	50~60

8.3.1.7 水源工程设计应结合项目区特点,因地制宜,采取修建塘堰(坝)、小型拦河坝、管井、大口井、蓄水池、水窖工程型式,其设计应符合 TD/T 1012 的有关规定。

8.3.2 输水工程

8.3.2.1 明渠输水

1.应复核拟利用渠道的水位、流量、供水时间等,对调整或新建渠道应复核其与上下级渠道的水位、流量等衔接关系。

2.应根据项目区规模、作物种类和水源条件等设计渠道灌溉工作制度。当采用轮灌时,应结合项目区农业生产条件和用水习惯,合理确定轮灌组的数目。

3.续灌渠道应按设计流量、加大流量和最小流量进行水力计算,轮灌渠道可只按设计流量进行水力计算。续、轮灌渠道的设计流量可按 TD/T 1012 的规定计算。

4.明渠输水的灌溉工程应符合 GB 50288 和 GB/T 50600 等的有关规定,采用管道输水的灌溉工程应符合 GB/T 20203 等的有关规定。

8.3.2.2 管道输水

1.固定管道宜选用硬塑料管、玻璃钢管、混凝土管等,所选管材的公称压力应大于或等于灌溉管道系统分区或分段的设计工作压力,固定管道埋设深度应根据气候条件、地面荷载和机耕要求以及田间鼠害等因素确定,埋深不宜小于 70 cm;移动管道宜采用聚乙烯塑料软管和涂塑软管,长度不宜超过 100 m。

2.连接地埋管和地面移动管的出地管上,应设给水栓。在管道分岔、拐弯、变径、末端、阀门位置和直管处,每隔一定距离应设置镇墩,镇墩混凝土强度等级不小于 C20,宜采用现场浇筑。

8.3.2.3 输水工程设计应符合 TD/T 1012 的有关规定。

8.3.3 喷微灌工程

8.3.3.1 喷灌

1.喷灌用管道按使用方式可分为:固定式管道、半固定式管道和移动式管道。喷灌设计应结合当地实际情况,合理确定基本参数、质量控制参数、设计参数、工作参数等,计算方法应按照 GB/T 50085 执行。

2.轮灌组和轮灌顺序的编制应方便运行管理,各轮灌组的工作喷头数应尽量一致,流量宜均匀分配到各输配水管道中。

3.当喷灌面积不大、作物种类不多时,宜采用直接推算法计算喷灌用水量;当作物种类较多时,宜采用综合灌水定额法或绘制灌水率图来推求喷灌用水量和流量过程。

4. 喷灌系统首部枢纽设计应根据计算流量和扬程合理选择泵型及运行方式,当系统工作压力或流量变幅较大时,宜选配变频调速设备。首部中施肥和化学药物注入装置应根据设计流量大小、肥料和化学药物的性质选择,化肥注入、储存设备应耐腐蚀。喷灌泵站等建筑物的设计,可按 GB 50265 等的有关规定执行。

5. 喷灌固定管道应埋于地下,可采用钢管、铸铁管、钢筋混凝土管、玻璃钢管、塑料管等;移动式管道置于地面,应拆卸、移动、搬运方便,可选用薄壁铝合金管、涂塑软管等,竖管可选用钢管或厚壁塑料管等,竖管高度宜为 0.5~2.0 m。

6. 喷管系统水力计算应包括设计流量、沿程水头损失、局部水头损失及设计水头计算,管材与管径的确定,水锤压力验算等,干管和分干管管径应根据技术经济分析确定,校核设计计算时,管道最小流速不应低于 0.3 m/s,最大流速不宜超过 2.5 m/s;支管管径应按同一条支管上任意两个喷头之间的工作压力差不超过设计喷头工作压力的 20% 确定。

7. 喷灌管道连接方式及连接件应根据管道类型和材质选择,连接件的额定工作压力和机械强度不应小于所连接管道的额定工作压力和机械强度。

8. 喷灌系统中设计喷头工作压力均应在喷头所规定的压力范围内,喷头的实际工作压力不应低于设计喷头工作压力的 90%。

9. 喷头选型应根据项目区地形、土壤、作物、水源和气象条件以及喷灌系统类型,经技术经济比较确定,宜选用中、低压喷头;灌溉季节风大的地区或实施树下喷灌的喷灌系统,宜选用低压喷头;同一轮灌区内的喷头宜选用同一型号。

10. 在设计风速下,定喷式喷灌系统喷灌均匀系数不应低于 0.75,行喷式喷灌系统喷灌均匀系数不应低于 0.85;组合后的喷灌强度不应超过土壤的允许喷灌强度值。喷头雾化指标应符合作物要求,蔬菜及花卉等宜为 4 000~5 000,粮食作物、经济作物和果树等宜为 3 000~4 000,饲草料作物宜为 2 000~3 000。

11. 喷灌系统可因地制宜设计自动化控制装置。

8.3.3.2 微灌

1. 微灌按照灌水方式分为滴灌、微喷灌、涌泉灌等,应根据项目区自然、社会、经济条件及作物种类,通过技术经济比较确定。

2. 微灌设计中应结合当地实际情况,合理确定灌溉设计保证率、灌溉水利用系数、设计土壤湿润比、设计耗水强度、灌水器流量和水头偏差率、灌水均匀系数、最大净灌水定额、设计灌水定额、设计灌水周期、一次灌水延续时间等技术参数,计算方法应按照 GB/T 50485 执行。

3. 微灌均匀系数不宜低于 0.8;设计日工作小时数应根据不同水源和农业技术条件确定,不应大于 22 h;同一灌水小区内任意灌水器流量偏差率不应大于 20%。

4. 微灌系统可分为续灌和轮灌两种工作制度,灌溉面积较大、种植作物种类较多时,宜采用轮灌的工作制度。划分轮灌组时,应使每个轮灌组的面积和流量接近,并应结合农业生产和田间管理的要求,轮灌组的控制范围宜集中连片。

5. 微灌系统枢纽房屋应满足机电设备、过滤器、施肥装置等安装和操作要求。

6. 滴灌灌水器应根据气象、地形、土壤、作物及种植模式综合选择。对于沙土,宜选用大流量的灌水器;对于黏性土壤,宜选用流量小的灌水器;地形坡度大或起伏大时,宜选用压力补偿式灌水器;一年生大田作物宜选用一次性滴灌带,果树等多年生作物宜选用可多年适用的滴灌管。灌水器制造偏差不应大于 0.07。

8.3.3.3 喷微灌工程系统宜由水源工程、首部枢纽、输配水管网、灌水器,以及附属设备、附属建筑物等组成。喷微灌管网应根据水源位置、地形、地块等情况分级,喷灌系统宜由干管、分干管和支管三级管道组成,微灌管网宜由干管、分干管、支管和毛管四级组成,项目区面积大的可增设总干管、分支管等。管网应配备必要的控制阀门、排水阀门以及管网安全设备,量测设备可根据需要安装,在地下管道的各阀门安装处应设置闸阀井,在管道低洼处和管道末端应设置排水井。

8.3.4 排水工程

8.3.4.1 明沟排水

1. 排水沟道不宜衬砌,确需加固的,宜采用生态砖等生态护坡方式。

2. 农作物的耐淹水深和耐淹历时,应根据当地或邻近地区有关试验或调查资料分析确定。无试验或调查资料时可按表 8.3.4.1-1 选取。

表 8.3.4.1-1　几种主要农作物的耐淹水深和耐淹历时

农作物	生育阶段	耐淹水深(cm)	耐淹历时(d)
小麦	拔节—成熟	5~10	1~2
棉花	开花、结铃	5~10	1~2
玉米	抽穗	8~12	1~1.5
	灌浆	8~12	1~1.5
	成熟	10~15	2~3
红薯	全生育期	7~10	2~3
大豆	开花	7~10	2~3
水稻	返青	3~5	1~2
	分蘖	6~10	2~3
	拔节	15~25	4~6
	孕穗	20~25	4~6
	成熟	30~35	4~6

3. 设计排涝模数可按 TD/T 1012 中所列公式或其他经过论证的公式计算。

4. 有渍害的旱作区,农作物生长期地下水位应以设计排渍深度作为控制标准,但在设计暴雨形成的地面水排除后,应在旱作物耐渍时间内将地下水位降至耐渍深度。水稻区应能在晒田期内将地下水位降至设计排渍深度。土壤渗漏量过小的水稻田应采取地下水排水措施,使其淹水期的渗漏量达到适宜标准。

5. 适于使用农业机械作业的设计排渍深度,应根据各地区农业机械耕作的具体要求确定,可采用 0.6~0.8 m。

6.改良盐碱土或防治土壤次生盐碱化的地区,其排水标准除应执行上述各条规定外,还应在返盐季节前将地下水控制在临界深度以下,地下水临界深度应根据各地区试验或调查资料确定。

7.兼有排涝和调控地下水位作用的末级固定沟,应按调控地下水位要求确定沟深和间距,按排涝设计流量、边坡稳定和施工要求确定断面。

8.承泄区的设计水位应根据当地具体条件通过技术经济分析确定,可采用与项目区设计暴雨的同期同频水位。若项目区与承泄区不属同一暴雨区,应通过两者的暴雨频率分析确定水位,当承泄区设计水位高于项目区排水出口设计水位时可采用以下方法处理:

(1)当水位差小于 0.3 m 时,可适当放缓排水系统的纵坡,争取自流排水。

(2)当水位差为 0.3~0.5 m 时,在其壅水范围内可采用缓排或局部抽排。

(3)当水位差超过 0.5 m 时,应采用抽排。

8.3.4.2 暗管(渠)排水

1.暗管排水工程由吸水管、集水管(沟)、附属建筑物和排水出路组成,应视具体情况设置检查井、暗管口门和集水井等附属建筑物,排水出路通常为明沟系统。

2.排水管道的比降 i 应满足管内最小流速不低于 0.3 m/s 的要求。管内径 $d \leqslant 100$ mm 时,i 可取 1:300~1:600;管内径 $d \geqslant 100$ mm 时,i 可取 1:1 000~1:1 500,地形平坦地区,吸水管首末端高差不宜大于 0.4 m,如比降不符合上述规定,可适当缩短吸水管长度。

8.3.4.3 渠(沟)系建筑物及泵站

水闸、渡槽、倒虹吸管、农桥、涵洞、跌水与陡坡、量水建筑物等渠(沟)系建筑物及泵站的设计须符合 TD/T 1012 的规定。

渠系建筑物设计应使水流流态稳定,水头损失小,满足渠系建筑物防裂、抗渗、抗震、抗冻胀的需要,除应符合本《导则》的规定外,设计还应符合 GB 50288、GB/T 50625、GB 50003、SL 482、SL 191、GB/T 50085、GB/T 50363、GB/T 50485、GB/T 50600、GB/T 50625、TD/T 1012、《河南省土地开发整理工程建设标准》(豫国土资发〔2010〕105 号)等的相关规定。

8.4 田间道路工程

8.4.1 田间道路

8.4.1.1 田间道路设计应适应交通运输的需要,有利于机械化作业,满足农机下田的要求。

8.4.1.2 路线设计

1.道路纵坡应根据地形条件合理确定,田间道路最大纵坡不宜超过 10%,最小纵坡应满足雨雪水排除要求,宜取 0.2%~0.4%。

2.当最大坡度超过 10% 时,应在限制坡长处设置缓和坡段。缓和坡段的坡度不应大于 3%,长度不应小于 100 m;当受地形条件限制时,不应小于 5 m。

3.在道路交汇连接处应布置弧形连接段,可在曲线内侧加宽,设加宽缓和段。

4.在纵坡变更处均应设置竖曲线,竖曲线宜采用圆曲线,圆曲线最小半径为 200 m,特殊地段 100 m;竖曲线最小长度为 50 m,特殊地段 20 m。

8.4.1.3　路基设计

1. 路基宽度应根据路面宽度、路肩宽度和边坡确定,路基应高于田面 0.3~0.5 m。

2. 路基边坡可取 1:1~1.0:1.5。受水浸泡的路基,在设计水位以下部分,可采用 1:1.75~1:2,在正常水位以下部分可采用 1:2~1:3;渗水性好的材料也可采用较陡的边坡。

3. 对影响路基高度和稳定性的地表水和地下水,应采取拦截或排出措施。

4. 填方路基应优先选用级配较好的砾类土、砂类土等粗粒土作为填料,填料最大粒径应小于 150 mm,应分层铺筑,每层压实度不应低于 90%,路堤边坡形式和坡率应根据填料的物理力学性质、边坡高度和工程地质条件确定。

5. 挖方路基的路堑边坡形式及坡率应根据工程地质与水文地质条件、边坡高度、排水措施、施工方法,并结合自然稳定山坡和人工边坡的调查及力学分析综合确定。

6. 填石路基应采用与土质路堤相同的路堤断面型式,填石路堤的边坡坡率应根据填石料种类、边坡高度和基底的地质条件确定,易风化岩石与软质岩石用作填料时,应按土质设计。

7. 固化类路面基层和底基层结构具有半刚性的特性,其设计厚度不应小于 15 cm;各结构层的材料回弹模量宜自上而下递减;沥青面层与固化类路面基层和底基层层间结合应紧密牢固,并应喷洒透层沥青,其用量宜为 0.8~1.0 kg/m²。

8. 水泥混凝土现浇路面基层结构宜选择水泥稳定砾料、石灰粉煤灰稳定砾料或级配砾料基层,混凝土预制块面层应采用水泥稳定砾料基层;基层的宽度应比混凝土面层每侧至少宽 300 mm。级配砾料基层的宽度宜与路基相同。

8.4.1.4　路面设计

1. 路面所选材料应满足强度、稳定性和耐久性要求,硬化路面弯拉强度不低于 3.5 MPa;砂石路面弯沉值不小于 3 mm,表面应满足平整、抗滑和排水的要求。

2. 路面硬化宜选用透水性沥青和透水性混凝土铺装,采用水泥混凝土或沥青路面时,荷载标准应为双轮组单轴 100 kN;采用砂石路面时,荷载标准应为双轮组单轴 75 kN。

3. 面层宜选用沥青、混凝土、砂石、泥结碎石、素土等。

4. 路面结构层应由面层和基层组成。当有隔水、排水、防冻要求时,可增设垫层。

5. 路拱横坡度应根据面层材料确定。面层为混凝土时,横坡度为 1%~2%;面层为沥青路面时,横坡度为 1.5%~2.5%;面层为砂石路时,横坡度为 2.5%~3.5%;面层为土层或泥结石路面时,横坡度为 3%~4%。

8.4.1.5　其他设施设计

1. 宜采用土质路肩,在暴雨集中地区或坡面未设截流沟的地区,可采用硬化路肩。

2. 采用沥青路面时,应铺设路缘石;采用其他路面时,可不铺设路缘石。

3. 应设置必要的排水设施,包括路边沟、排水沟等,宜采用梯形土质断面,冲刷严重的山区路段断面宜设置硬化沟道,路边沟深度和宽度不小于 0.4 m,排水沟的深度和宽度不小于 0.5 m。

4. 当与田面之间的高差大于 0.5 m 时,应设置下田坡道,坡口宜采用混凝土面层,坡面应做防滑处理;当跨越深度和宽度大于 0.5 m 的沟渠,应设置下田涵洞。下田坡道或下田涵洞的宽度为 3~4 m,纵坡应小于 15%。

　　5. 应在视野较好的路段设置错车道。设置错车道路段的路基宽度不应小于 6.5 m,有效长度宜为 20 m,间隔以 350~500 m 为宜。

　　6. 在急弯或交叉处,应设置标志牌。在漫水桥、过水路面处应设置安全标识。

8.4.2　生产路

8.4.2.1　生产路主要行驶农业机械和农用车辆,方便人员通行,生产路最大坡度为 11%,极限情况不应超过 15%。

8.4.2.2　路基厚度宜为 20~30 cm,水田区可取 50 cm。沿河或受水浸淹的路基,应高出 5 年一遇设计洪水的水位和壅高值及安全高度值。路基材质宜就地取材,可采用素土或沙土夯实。

8.4.2.3　路面可采用素土、砂石、泥结石或间隔石板、混凝土板等。

8.4.2.4　长度超过 800 m 时,可在合适位置设置错车台,错车台的路基宽度不宜小于 6.5 m,有效长度 20 m。生产路末端应设置掉头点。

8.4.3　应以改造现有道路为主,新建道路时,应防止多占耕地。道路修筑宜就地取材,采用土石铺路。当田间道路跨越漫流的山涧、沟壑、溪水,或河床浅阔、平坦、平常没有水流或水流很小的河流时,可修建过水路面或漫水桥,技术标准应参照有关规定执行。田间道路工程设计应符合 JTG B01、JTG C10、JTG D20、JTG D30、JTGT D33、JTG D40、JTG D50、JTG D60、TD/T 1012、豫国土资发〔2010〕105 号等的相关规定。

8.5　农田输配电工程

8.5.1　农田输配电分高压输电线路、低压输电线路。高压输电线路应采用架空线路,低压输电线路可采用架空或地埋式。

8.5.2　计算负荷可采用需要系数法并结合项目区及农村电力发展规划确定,可按 5 年考虑。

8.5.3　线路设计应根据当地的气象资料(采用 10 年一遇的数值)和附近已有线路的运行经验确定。

8.5.4　进行输、配电线输送容量及供电半径、导线截面面积计算时,应满足电力系统安装与运行规程,保证电能质量和安全运行的要求。

8.5.5　配电变压器宜采用户外或室内安装,并设置警示标识。

8.5.6　输配电的设计、架空电力线路设计、低压电力电缆设计、配变电装置设计等按照 GB 50052、GB 50054、DL/T 5220、DL/T 499、TD/T 1012 等国家和行业的有关规定。

8.6　农田环境防护工程

8.6.1　农田林网设计

8.6.1.1　农田林树种应选择适宜当地的本土树种,宜选择不小于 3 年生、胸径不小于 5 cm 的苗木。紧密结构防护林疏透度宜小于 0.15,透风系数宜小于 0.35;疏透结构防护林疏透度宜为 0.25~0.30,透风系数宜为 0.35~0.60;通风结构防护林疏透度宜为 0.30 以上,透风系数宜为 0.60 以上,宜乔灌结合,结构合理。

8.6.1.2　农田防风林

1. 田间道路和干、支、斗渠宜全面绿化,构成农田林网骨架。

2. 路、沟、渠两侧可植树 1~2 行,或根据当地实际情况布设。

3. 沟渠内坡的水面线以下、排水沟的戗台、高填方的内坡,均不宜植树。

4. 树种宜优先选择本土树种,并应以速生树种为先锋树种,同时配置一定比例的长绿树种,做到短期防护与长期防护相结合。

5. 渠道、道路、沟道林带的整地为穴状整地,应根据苗木规格确定。渠道、道路林带规格宜为 0.50 m×0.50 m×0.50 m;沟道林带规格宜为 0.45 m×0.45 m×0.45 m。

8.6.1.3　梯田埂坎防护林

1. 应布置在梯田埂坎外坡离埂坎坎顶 1/3~1/2 处。

2. 宜优先选择本土树种,因地制宜引进优良树种。

3. 梯田田坎高 1 m 左右,可在埂坎上栽植 1 行灌木;田坎高 1 m 以上时,可在埂坎上栽植 2 行呈"品"字形灌木,也可栽植 1 行小乔木或果树。

4. 灌木株距宜为 0.5 m,小乔木为 0.5~1.0 m,果树为 1.5~2.0 m。

8.6.1.4　护路护沟林

1. 生产路与分、引渠结合的可不植树,可种草本经济植物;沟渠、内坡的水面线以下和排水沟的戗台、高填方的内坡不宜植树。

2. 植树行数视渠路岸边宽窄而定,以 1~2 行为宜。

3. 宜优先选择本土树种,因地制宜引进优良树种,株行距乔木宜为 1.5 m×1.0 m,灌木为(0.5 m~1.0 m)×0.5 m。

4. 苗木宜选择 3 年生树苗。稀疏林带的补植宜选择与已有林木相似的大苗。

5. 树种配置方式可采取乔木或灌木,也可采用乔灌株间混交方式。

8.6.1.5　护岸林

1. 平缓河岸岸坡应栽植 2~3 行乔木,行间混交灌木,乔木行株距 1.5 m×1.5 m。临水坡栽植 3~5 行灌木或铺设草皮,灌木株行距 1.0 m×1.0 m。

2. 3 m 以下陡峭河岸岸坡,宜从岸边造林;3 m 以上高陡岸,应距离岸边 2 m 造林。

3. 林带宜采用乔灌株间混交方式。在土质瘠薄、地下水位较低处,宜采用耐贫瘠、耐干旱的混交林。

4. 林带靠近河床一侧,应密植灌木,行株距宜为 1.0 m×0.5 m。

8.6.2　岸坡防护设计

8.6.2.1　护堤

1. 护堤可采取工程措施和植物措施相结合的方式。工程措施主要包括干砌石、浆砌石、混凝土预制板、混凝土预制框格、土工织物软体排等;植物措施包括植树种草、土工织物草皮等。防护高度应在设计洪水位 0.5 m 以上。

2. 对现有堤坝的维修加固、护坡、护基,应在校核原设计断面安全的前提下,进行原有堤坝清基、填(砌)筑,并做好上下游防护处理。

3. 小型堤坝工程应有完整的汇流面积,汇流面积宜在 20 km² 以内,坝高宜小于 3 m,并以承担项目区内洪水排出为主要任务,且堤坝在项目区内是连续的、完整的。

4. 小型堤坝工程应结合交通道路布置,堤顶宽度宜为 2~4 m,如有行车要求,堤顶宽度应满足行车需要,路面结构应符合田间道路建设要求。

5. 小型堤坝工程的筑堤材料可选择均质土或浆砌石,堤身断面、堤顶结构、戗台护坡、坡面防渗、排水设施等应满足稳定要求。

6. 护堤工程应根据防洪规划,并考虑防护区的范围、主要防护对象的要求、土地综合利用等因素,经过技术分析、经济比较后确定。

7. 小型堤坝工程设计应按 GB 50286 的相关规定执行。

8.6.2.2 护岸

1. 护岸工程应适应河床变形能力强,就地取材,造价经济合理。

2. 护岸可采用坡式护岸、坝式护岸、墙式护岸及其他防护型式,型式应根据风浪、水流作用、地形地质情况、施工条件、使用要求等因素综合权衡确定。

3. 护岸工程设计应统筹兼顾、合理布局,并应采用工程措施与生物措施相结合的防护措施。

4. 护岸的范围应满足下列要求:

(1)由河势分析及堤岸崩塌趋势预估确定可能冲蚀、破坏堤岸或滩岸的全部长度。

(2)护岸工程险工断面,其上部与堤身护坡衔接,基础应满足水流发生最大冲刷的要求。

8.6.3 沟道治理设计

8.6.3.1 谷坊

1. 谷坊主要有土谷坊、石谷坊、植物谷坊等,应根据当地实际情况,因地制宜选择谷坊种类。

2. 谷坊应修建在谷口狭窄、工程量小、上游宽阔平坦、岸坡或沟底基岩外露、无孔洞或破碎地层、没有不易清除的乱石和杂物、取用建筑材料比较方便的地方。

3. 在沟底比降 5%~10%或更大、沟底下切剧烈发展的沟段,系统地布设谷坊群,根据沟底比降纵断面图,从下到上拟定每座谷坊位置,下一座谷坊的顶部大致与上一座谷坊基底等高。

4. 应根据沟道条件和建筑材料确定谷坊类型。土质沟道宜修建土谷坊;石料来源充足以及沟道水流冲刷大的土石山区宜修建石谷坊;在有长流水的较小支毛沟上部的土质沟床上,可选择植物谷坊。

5. 土谷坊坝体断面尺寸应根据所在位置的地形条件确定,坝高宜为 2~5 m,顶宽宜为 1.5~2.0 m,底宽宜为 5.9~18.5 m,迎水坡比宜为 1.0:1.2~1.0:1.8,背水坡比宜为 1.0:1.0~1.0:1.5。在谷坊能迅速淤满的地方,迎水坡比可采取与背水坡比一致。坝顶作为交通道路时,按交通要求确定坝顶宽度。

6. 土谷坊溢洪口应设在坝体一侧坚实土层或基岩上,上下两座谷坊的溢洪口应交错布置。在两岸是平地、沟深小于 3 m 的沟道,坝端没有适宜开挖溢洪口的位置时,可将土坝高度修到超出沟体 0.5~1.0 m,坝体在两岸平地上各延伸 2.0~3.0 m,并用草皮或块石护砌,不许水流直接回流到坝脚处。设计洪峰流量、溢洪口断面尺寸按 GB/T 16453.3 的规定执行。

7. 阶梯式石谷坊,坝高宜为 2~4 m,顶宽宜为 1.0~1.3 m,迎水坡比宜为 1.0:0.2,背水坡比宜为 1.0:0.8,坝顶过水深宜为 0.5~1.0 m。不宜蓄水,坝后 2~3 年淤满。

8. 重力式石谷坊,坝高 3~5 m,顶宽为坝高的 50%~60%,迎水坡比宜为 1.0:0.1,背水坡比宜为 1.0:0.5~1:1,可蓄水利用。

9. 石谷坊溢洪口宜设在坝顶,断面尺寸采用矩形宽顶堰公式计算。

10. 植物谷坊应多排密植型布置在沟谷已定谷坊位置,宜垂直水流方向。

11. 柳桩编篱型植物谷坊布置在沟中已定谷坊位置,宜用柳梢将柳桩编织成篱,在每两排篱中填入卵石或块石后,可用铅丝将前后 2~3 排柳桩联系绑牢,加强抗冲能力。

8.6.3.2 沟头防护

1. 当沟边有多处径流分散进入沟道时,应在修建沟头防护工程的同时,围绕沟边全面修建沟边埂。

2. 沟头防护工程的防御标准应为 10 年一遇 3~6 h 最大暴雨。

3. 当沟头以上集水面积大于 10 hm² 时,应布设相应的治坡工程与小型蓄水工程。

4. 沟头防护工程分蓄水型和排水型两类。应根据沟头附近地形、地质及沟头以上来水量情况,因地制宜选用。

5. 蓄水型沟头防护

(1)沟头防护应在沟头以上 3~5 m 处,围绕沟头修筑土埂,拦蓄坡面来水,制止径流进入沟道;当沟头以上来水单靠围埂不能全部拦蓄时,在围埂以上低洼处,修建蓄水池,拦蓄部分坡面来水。

(2)沟头防护设计来水量、围埂蓄水量计算可按 GB/T 16453.3 的规定执行。

(3)围埂位置应根据沟头深度确定,沟头深度 10 m 以内的,围埂位置距沟头 3~5 m;沟头深度大于 10 m 的,围埂位置距沟头应在 5 m 以上。

(4)围埂为土质梯形断面。埂高根据来水量确定,宜为 1.0 m,顶宽宜为 0.5 m,内外坡比均宜为 1:1。

(5)当沟头以上汇水面积较大,来水量大于蓄水量时,应在围埂上游距沟头 10 m 以上处修建蓄水池,设计可按 GB/T 16453.3 执行。

6. 排水型沟头防护

(1)当沟头陡崖(或陡坡)高差小于 2.5 m 时,可用浆砌块石修成跌水,下设消能工程;当沟头为垂直陡崖且高差大于 2.5 m 时,可用塑料管或陶管,悬臂置于沟头陡坎上,将水挑泄下沟,下设消能工程。

(2)跌水式沟头防护建筑物宜由进水口、陡坡(或多级跌水)、消力池、出口海漫等工程组成。设计技术要求按照 GB 50288 执行。

(3)悬臂式沟头防护建筑物宜由引水渠、挑流槽、支架及消能设施组成。

(4)沟头防护设计流量可按 GB/T 16453.3 的规定执行。

8.6.3.3 拦沙坝

1. 拦沙坝宜布置在沟道狭窄、库内平坦广阔、地质良好的地方。

2. 宜采用土坝、石坝、土石混合坝、格栅坝等,填高宜为 3~15 m,库容应根据多年平均来沙量、坝高库容曲线等计算确定。

3. 断面形状与尺寸根据坝型确定,应进行坝体抗滑稳定和应力计算,具体设计参数可按照有关规定执行。

8.6.3.4 淤地坝

1. 淤地坝宜修在主沟的中上游或支沟上,单坝集水面积 1 km² 以下,坝高宜为 5~15 m,库容宜为 1 万~10 万 m³。

2. 淤地坝宜由土坝与溢洪道或土坝与泄水洞组成,可采用定型设计。

3. 坝址选择、库容测量、设计洪水标准、水文泥沙计算,以及土坝、溢洪道、泄水洞设计可参照 GB/T 16453.3 的规定执行。

8.6.4 坡面防护设计

8.6.4.1 截水沟

1. 当坡面下部是梯田或林草,上部是坡耕地或荒坡时,应在其交界处布设截水沟;当无措施坡面的坡长太大时,应在此坡面增设几道截水沟,将水引入区域排水系统。增设截水沟的间距宜为 20~30 m。

2. 蓄水型截水沟基本上沿等高线布设;排水型截水沟应与等高线取 1%~2% 的比降,排水型截水沟的排水一端应与坡面排水沟相接,并在连接处做好防冲措施。

3. 当截水沟不水平时,应在沟中每 5~10 m 修高 20~30 cm 的小土挡,防止冲刷。

4. 防御暴雨标准,应按 10 年一遇 24 h 最大降雨量,坡面径流量与土壤侵蚀量可根据水土保持试验站的小区径流观测资料,或查阅当地水文手册确定。在上述设计频率暴雨下,不同坡度、不同土质、不同植被的坡面,应采用不同的暴雨径流量与土壤侵蚀量。

5. 蓄水型截水沟断面、容积应根据地面坡度、土质和暴雨径流情况,通过计算确定;对于排水型截水沟,多蓄少排型的断面尺寸参照蓄水型截水沟设计,少蓄多排型的断面尺寸参照排水沟的断面设计。具体设计应按 GB/T 16453.4 的规定执行。

8.6.4.2 排洪沟

1. 排洪沟宜布设在坡面截水沟的两端或较低一端,用以排除截水沟不能容纳的地表径流。排洪沟的终端连接蓄水池或天然排水道。

2. 排洪沟在坡面上的比降,根据其排水去处(蓄水池或天然排水道)的位置而定,当排水出口的位置在坡脚时,排洪沟大致与坡面等高线正交布设;当排水出口的位置在坡面时,排洪沟可基本沿等高线或与等高线斜交布设。各种布设都应做好防冲措施(铺草皮或石方衬砌)。

3. 梯田区两端的排洪沟,宜与坡面等高线正交布设,大致与梯田两端的道路同向。土质排洪沟应分段设置跌水。

4. 排洪沟纵断面可采取与梯田区大断面一致,以每台田面宽为一水平段,以每台田坎高为一跌水。

5. 排洪沟断面应根据设计频率暴雨坡面最大径流量,按明渠均匀流公式计算,在跌水处做好防冲措施(铺草皮或石方衬砌)。

8.6.5 生态环境保护工程设计

8.6.5.1 农田林草斑块

1. 项目区内应将林草斑块等多样性生态景观连通,形成生态网络化。

2. 项目区内林草斑块恢复应采用植被群落模式配置。

3. 农田平整工程中宜将石块收集,自然堆放于田头空闲地。

8.6.5.2 有机废弃物处理

1. 在田边等不影响农事操作、通行便利的地点宜分户修建"凹形"有机废弃物发酵处理池,池底应做防水处理,对秸秆、畜禽粪便等有机废弃物进行无害化处理宜采用好氧发酵方法。

2. 单户有机废弃物发酵处理池容积宜为 $3 \sim 5 \text{ m}^3$。

8.6.5.3 农田废弃物收集

1. 项目区内应修建农田废弃物收集池等农业生产废弃物收集设施。

2. 农田废弃物收集池应设置在农田灌溉水源附近,且不妨碍机械化田间作业的地方。

3. 每 1.3 hm^2(20亩)宜建设一个农田废弃物收集池。

4. 农田废弃物收集池池体宜以方形为主,规格宜为 64 cm×64 cm×80 cm。池底应做防水处理,底板应用水泥砂浆抹底,盖板一半宜用水泥盖板固定,另一半活动盖板材质宜用铁皮。

8.6.5.4 生态拦截沟

1. 对现有的排水沟宜进行清淤和改造,建设生态拦截沟,每 6.7 hm^2(100亩)水田宜修建生态拦截沟 200 m。

2. 拦截沟修建时应减少衬砌。

8.6.5.5 生物通道

1. 生态机耕路应以土料铺面为主,辅以石料;生态生产路应以土料铺面。

2. 衬砌灌溉渠道、衬砌排水沟应设置专门的生物通道,并应符合下列要求:

(1)灌溉渠道混凝土边坡应间隔 20~30 m 设置一段生态孔洞,在边坡打设孔洞并回填碎石与土壤。

(2)灌溉渠道边坡垂直时,应间隔 20~30 m,在灌溉渠道中纵向设置 20 cm 单边阶梯式生态板,宜沿边坡坡度设置,单级阶梯宽度宜为 5 cm,高 30 cm,干砌块石表面宜抹混凝土浇筑,不宜铺设浆砌块石。

(3)灌溉渠道边坡垂直时,应间隔 20~30 m,在灌溉渠道中沿水流方向设置 1 m 的单侧或两侧间隔错开的动物逃脱斜坡;动物逃脱斜坡坡度宜为 1:1,宽度宜为 5 cm,宜干砌块石表面抹混凝土浇筑。

3. 衬砌排水沟应设置专门的生物通道,并应符合下列要求:

(1)排水沟边坡垂直时,应间隔 20~30 m,在排水沟中纵向设置 20 cm 单边阶梯式生态板;阶梯式生态板应按上述第"2"条执行。

(2)排水沟边坡垂直时,应间隔 20~30 m,在排水沟中沿水流方向设置 1 m 的单侧或两侧间隔错开的动物逃脱斜坡;动物逃脱斜坡应按上述第"2"条执行。

8.7 废弃场地复垦工程

8.7.1 复垦方案确定

依据土地利用总体规划及相关规划,按照因地制宜的原则,根据原土地利用类型、土地损毁情况、公众参与意见等,在经济可行、技术合理的条件下,确定拟复垦场地的最佳利用方向,在此基础上确定复垦方案。复垦方案应符合 TD/T 1031.1 的有关规定;露天煤矿、井工煤矿、金属矿、石油天然气矿、铀矿还应分别符合 TD/T 1031.2、TD/T 1031.3、TD/T 1031.4、TD/T 1031.5 和 TD/T 1031.7 的有关规定。

8.7.2 复垦工程设计

应根据确定的土地复垦方案和 TD/T 1036 对不同复垦方向的质量要求,针对不同土地复垦单元不同措施进行复垦工程设计。复垦工程措施类型主要包括工程措施、生物措施、化学措施、监测措施和管护措施。

8.7.2.1 工程措施设计

工程措施主要包括表土剥覆工程、土地平整工程、农田水利工程、道路工程、灌溉与排水工程等,具体设计执行本《导则》8.2 规定。工程措施的设计内容包括:确定各种措施的主要工程形式及其主要技术参数。工程措施的设计可根据项目类型、生产建设方式、地形地貌、区域特点等有所侧重。

8.7.2.2 生物措施设计

生物措施的设计内容包括:植物种类筛选、苗木(种子)规格、配置模式、密度(播种量)、土壤生物与土壤种子库的利用、整地规格等。

8.7.2.3 化学措施设计

化学措施的设计内容包括:复垦土地改良以及污染土地修复等,具体设计执行本《导则》8.8 规定。

8.8 污染土地修复工程

8.8.1 总体要求

采用物理、化学、生物等污染修复技术固定、转移、吸收、降解或转化土地中的污染物,或阻断污染物对受体的暴露途径,使场地对暴露人群的健康风险控制在可接受水平,从而恢复场地使用功能,保证场地二次开发利用的安全性。

8.8.2 基本原则

8.8.2.1 科学性原则

采用科学的方法,综合考虑污染土地的修复目标、土壤修复技术的处理效果、修复时间、修复成本、修复工程的环境影响因素,制订修复方案。

8.8.2.2 可行性原则

制订的污染场地土壤修复方案要合理可行,要在前期工作的基础上,针对污染土地的污染性质、程度、范围以及对人体健康或生态环境造成的危害,合理选择土壤修复技术,因地制宜制订修复方案,使修复目标可达、修复工程切实可行。

8.8.2.3 安全性原则

污染土地修复工程的实施应注意施工安全和对周边环境的影响,避免对施工人员和周边人群健康产生危害。

8.8.3 工作程序

8.8.3.1 选择修复模式

在分析前期污染土地环境调查和风险评估资料的基础上,根据污染土地特征条件、目标污染物、修复目标、修复范围和修复时间长短,选择确定污染土地修复总体思路和修复模式。

8.8.3.2 筛选修复技术

根据污染土地的具体情况,按照确定的修复模式,筛选实用的土壤污染修复技术,开展必要的实验室小试和现场中试,或对土壤污染修复技术应用案例进行分析,从适用条件、对本场地土壤修复效果、成本和环境安全性等方面进行评估,确定最佳修复技术。

8.8.3.3 制订修复方案

根据确定的修复技术,制定土壤修复技术路线,确定土壤修复技术的工艺参数,估算污染场地土壤修复的工程量,提出初步修复方案。从主要技术指标、修复工程费用以及二次污染防治措施等方面进行方案可行性比选,确定经济、实用和可行的修复方案。

8.8.4 对污染土壤进行修复前,应以污染土壤所在地区土地利用总体规划等文件,确定污染土壤的使用功能,通过污染区土壤的采样检测确定土壤污染物的含量,修复效果应满足 GB 36600 和 GB 15618 标准的规定。污染土地修复工作参照 HJ 25.4 执行。

8.8.5 主要修复技术与措施

本《导则》参照 CAEPI 1 基本按照物理、化学和生物类修复技术的顺序,分别对目前较为成熟或已在国内外有所应用的土壤修复技术进行介绍,主要涵盖修复技术的原理、技术特点、适用性及局限性等,详见附录 3 和附录 4。

8.9 退化土地修复工程

8.9.1 工程设计要求

8.9.1.1 退化土地修复工程设计应重点分析流域土地利用现状、经济社会发展和水土流失防治需求,应以"治理水土流失,保护和合理利用水土资源,提高土地生产力,改善农村生产生活条件及生态环境"为基本出发点进行总体布置,并应据此开展各类措施或单项工程的设计。

8.9.1.2 生产建设项目退化土地修复应结合主体工程设计,充分利用与保护土地资源,注重生态,拟定土地修复防治措施总体布局,分区开展土地修复设计,使土地修复工程和设施与项目区生态、地貌、植被、景观相协调。

8.9.1.3 退化土地修复工程的规模、设计标准应按总体布置(局)中确定的各项措施有机组合所发挥的作用和要求,遵循"安全可靠、经济合理"的原则确定。

8.9.2 沙化土地修复

工程措施主要技术要求参照 GB/T 21141、GB 51018、GB/T 16453、GB/T 15776、DB41/T 909、GB/T 24255 等相关规范执行。

8.9.2.1 植物修复措施

1.封沙育林育草

适用于具备植物自然繁育和自然生长发育条件的沙化土地植被恢复和沙害治理。具体技术要求包括封育方式、封育期限、封育类型、封育方法、植物培育、解封等。

1）封育方式

（1）全封：在地处偏远、生态系统脆弱、风沙危害严重以及恢复植被较困难的地段，禁止一切不利于林草植被生长繁育的人畜活动。

（2）半封：在林草植被覆盖较好具有一定植被自然恢复和生长条件的地段，林草植被返青、生长与结实季节，禁止不利于其生长繁育的人畜活动。

（3）轮封：在土地沙化较轻的地段，根据植物生长发育规律，按地块轮流封育，禁止不利于林草植被生长繁育的人畜活动。

2）封育期限

半干旱、半湿润沙化土地类型区，乔灌、灌草型植被封育均在3~5年。

3）封育类型

封育类型宜选择灌草型或乔灌型。

4）封育方法

封育方法分围栏封育和人工巡育封育两种。

5）植被培育

对封育区采取补植、补播、移密补稀等培育措施，促进植被恢复，提高植被质量。

6）解封

（1）封育期满，且植被恢复到设计目标，即可解封；虽然没有到达封育年限，但已实现封育目标的，可以提前解封。

（2）已达到封育年限，但没有达到封育目标的，应该继续封育；虽已达到封育年限，并实现封育目标，但根据需要可以继续封育。

2. 人工造林

1）适用条件

适用于具备植物生长条件的各类沙化土地的治理。

2）树种选择

遵循适地适树的原则，优先选用乡土树种，特别是灌木树种；若采用新品种树种，必须是经品种鉴定的树种；若采用外来树种，应选择经过引种并已获得成功的优良树种，符合GB 6000、DB41/T 504、DB37/T 3410、DB41/T 909 等的相关规定。

（1）防沙林带：选用具有深根性、枝叶繁茂、抗逆性强的树种。

（2）农田防护林网：选择生长迅速，树高、根深、冠窄，根蘖能力弱，不易风折、风倒，寿命较长，抗病虫害能力强，并与被保护的农作物没有共同病虫害或病虫害寄主的树种。在立地条件较好的沙区，可适当选配经济树种。

（3）农林间作：选用经济价值高的用材或经济树种。间作树种应选择胁地少，不与间种作物有共同病虫害或为作物病虫害的中间寄主树种。

（4）固沙林：选用根系发达、易分蘖，耐风蚀沙埋、抗病能力强的树种。

3）配置

林带结构、防沙林带的配置及农田防沙林带的配置、农林间作配置、固沙林的配置、草牧场防护林的配置按照 GB/T 21141 执行。

4）造林整地

（1）整地原则。

根据区域气候、土壤、植被及有无灌溉条件，以尽可能减少破坏原生植被或土壤结皮为原则，合理选择整地时间与方式。在风蚀严重的地区可不整地，风蚀较轻时可适当整地。

（2）整地时间。

提前整地，或随整地随造林。

灌溉造林的沙化土地，不提倡预整地，可直接造林。

（3）整地方式。

一般分为带状整地、穴状整地、畦状整地三种方式，按照 GB/T 21141 执行。

5）造林方法

植苗造林、插干和插条造林、直播造林技术中苗木保护、苗木处理等按照 GB/T 15776、GB/T 21141 等规范执行。苗木规格按照 GB 6000 中规定的 I、I 级苗木选用。在风蚀严重的地区造林，为防止沙打沙割对幼树的危害，用柴草或枝条等将地面以上 40～50 cm 的幼树树干包扎。

6）造林季节

（1）春季造林。针阔叶树种植苗造林均在春季进行，应在树木发芽前完成。土壤墒情好时，可播种造林。

（2）雨季造林。适用于播种造林，以及容器苗和带土坨苗造林。

（3）秋季造林。一般针阔叶树种的植苗、播种造林也适于秋季进行。

7）抚育管理

（1）松土除草。在风沙活动比较强烈的地段，造林后禁止松土除草，但可以割草留茬，茬高不得低于 10 cm。在风沙活动较弱的地段，每年松土除草 1～3 次，也可用化学除草剂除草。退耕地造林后的前 3 年，可适当间作豆科作物，以耕代抚。

（2）灌溉。有灌溉条件的地段可适当浇水，参照 GB/T 50363 执行。

（3）补植。对造林密度、成活率达不到要求的造林地，应及时进行补植。补植时一般采用适当树种的苗木。

（4）平茬复壮。对于具有萌蘖能力的灌木树种，应适时平茬复壮。

8）更新

防沙林带、农田防护林网、草牧场防护林以及农林间作的主要树种达到防护成熟后，应合理更新。

3. 人工种草

1）适用条件

有灌溉条件的沙化土地。

2）人工种草的形式

（1）一般有单纯种草、林草结合两种形式。

（2）可设置天然植被隔离带隔带混交；也可配合灌木隔离带建设，隔带混交。

（3）可条带状或网格状播种，快速形成生物沙障，为后期造林治沙、恢复植被创造条件。

3）草种选择

可选择沙打旺、紫花苜蓿、黄花苜蓿、白花草木樨、鹰嘴紫云英、小冠花、白茅、狗尾草、马唐、虎尾草等。

4）种子质量

成熟饱满、净度在95%以上，发芽率在90%以上。

5）播种量

经验播种量一般为：小粒种子 7.5~15 kg/hm²；大粒种子 30~45 kg/hm²。

6）种子处理

（1）使用根瘤菌、植物生长调节剂、吸水剂磷肥、稀土肥料等对种子进行丸衣化处理。

（2）带芒的禾草种子，用去芒器或碾压法去芒。

（3）硬实率高的种子，采用温水浸种或化学处理的方法打破休眠。

（4）播前暴晒 30~120 h，以加速种子的后熟，提高发芽率。

（5）用各种驱避剂、灭鼠剂进行拌种处理，防止虫、鸟、兽等危害。最好采用无公害产品。

7）整地措施

地表较紧实且风蚀较轻的沙化土地，播种前可带状耙地，疏松土壤；风蚀严重的地区，不整地，以减少对原生植被的破坏。

8）播种期

（1）选定的播种期须能满足植物种子发芽所需的温度和土壤水分条件。对于流沙地撒播，播期应能保证种子在播后 7~15 d 内自然覆沙，当年幼苗能安全越冬。

（2）春季土壤含水量适宜、风沙危害较轻的地区，宜春播；容易发生春旱的沙化土地，应在雨季播种。南方湿润地区的沙化土地，一年四季均可播种。有灌溉条件的地区，宜早春播种。

9）播种方式

（1）纯播。只播撒一种草种，一般用于所选草种不宜混播或根据需要必需单播的。

（2）混播。可以选择混播类型有四种：

①一年生草种与多年生草种混播；

②豆科、禾本科与菊科草种混播；

③直根型、须根型、根茎型或根蘖型草种混播；

④草种与灌木树种混播。

（3）撒（喷）播。大粒种子直接撒播或喷播；小粒种子用干沙均匀拌种，撒播或喷播，也可条播。

（4）条播。小粒种子的播深一般为 1~2 cm；大粒种子的播深一般为 2~4 cm。播后及时镇压。

10）管护

播种后加强管护，一般沙化土地，3 年内禁止放牧；流动沙地，5 年内禁止放牧。禁牧期间可以适当割草，风蚀严重地段，留茬高度不得低于 10 cm。

8.9.2.2　保护性耕作修复措施

1. 适用条件

主要用于干旱、半干旱地区风蚀严重农田的保护,防止土壤侵蚀。

2. 技术要求

(1)免耕或少耕:用免耕播种机一次完成破茬开沟、施肥、播种、覆土和镇压作业;作物生长期内,不再进行或减少松土除草作业次数。

(2)秸秆覆盖:在农作物收割后,用作物秸秆覆盖地表。

(3)作物留茬:作物收割时留高茬,茬高不得低于20 cm,翌年播种前不再翻垦耕地。

8.9.2.3　其他修复措施

1. 功能性高分子材料修复技术

采用高分子材料制成防止土壤侵蚀、绿化用的被覆层,上下两层是高分子材料的覆盖层,中间夹有植物种子、有机物质、无机物质以及缓释肥料等,防止了土壤的进一步侵蚀。在绿化被覆层上接种微生物可使荒漠化土地中菌群的生菌数和多样性有所增加,由于菌群和绿化层存在共生关系,促进绿化层的稳定和发展,从而使土壤生态系统逐步恢复。

2. 腐植酸修复技术

腐植酸是一类芳香稠环聚合程度不同的含杂环的有机化合物,具有弱酸性、吸水性、带电性、分散与凝聚性、离子交换性、络合性、缓冲性、氧化还原性,以及作用于植物的生理活性等特点。腐植酸在土壤里发生絮凝,成为一种胶结剂,能把分散的土粒胶结起来,形成水稳性好的团粒结构,从而有效降低容重,改善土壤结构性能。

3. 微生物修护技术

土壤微生物的主要作用之一就是促进土壤团粒结构的形成,特别是丝状菌、真菌及放线菌黏结土壤颗粒形成团聚体时作用更明显。土壤有机质只有在微生物的作用下,才具有团聚土粒的作用。土壤微生物促进土壤活性酶的累积,土壤酶活性的增强加速了沙土中各种有机物质的酶促反应,促进了有机化合物循环,改良了沙土性质。

4. 物理修复措施适用于风沙危害严重、植物措施难以实施的地区或地段的居民点、基础设施、重要工矿基地等的保护,以及为实施植物治沙措施提供保护或促进植被的自然恢复。

5. 化学修复措施多用于水资源匮乏、植物难以生长急需治理的流动沙地。具备植物生长条件的地区,化学固沙可与物理治沙、植物治沙相结合。

8.9.3　盐碱化土地修复

盐碱化土地修复工程设计技术参数可参照 GB 50108、GB/T 16453.1~6、GB 50433、GB/T 15776、GB 6000、GB/T 50363 等的规定。

8.9.3.1　水利改良措施

1. 蓄淡压盐。在盐土周围贮存降水促使土壤脱盐。

2. 在灌溉水源充沛、土质较轻、水分下渗速率大、地下水位较深或土壤排水良好、地面蒸发强度小的地方,可采用人工灌水压盐、洗盐的方式。在蒸发强度大的地方,可通过加大淋洗量使得土壤处于淋溶状态,可有效淋洗土壤盐分。

3. 大穴客土下部设隔离层和渗管排盐。主要形式有两种:一是用水泥渗透管或塑料渗透管埋地下适宜深度排走溶盐;二是挖暗沟,排盐沟内先铺鹅卵石,然后盖粗砂与石砾或铺未烧透的稻糠壳灰,最后填土。

4. 做好以脱盐排碱为中心的农田基本建设。地形高低相差较大,地势低洼处盐害严重的地块,要做好土地平整工作;统一规划,合理布局排灌沟渠,沟为主,沟渠配套,做到田成方,沟渠、路成网,林成行的标准农田建设。

8.9.3.2 物理修复措施

1. 平整土地,使水分均匀下渗,提高降雨淋盐和灌溉洗盐的效果,或大水洗盐压盐,防止土壤斑状盐渍化。应留一定坡度挖排水沟以便灌水洗盐。

2. 黏重、透水性差、结构不良的土地,特别是原始盐碱荒地,在雨季到来之前进行翻耕,疏松表土增强透水性,阻止水盐上升。

3. 及时松土,保持良好的墒性,控制土壤盐分上升。

4. 封底式客土及地上花盆式客土回填以抬高地面。

5. 麦糠改盐。施麦糠后深翻,施放量为 250 kg/亩,连续 3 年可将盐地基本改好。

6. 采用深翻将含盐重的表层土翻埋到底层,将底层含盐量低的土壤翻至表层。翻耕深度 0.4~0.7 m,随土壤含盐量增加而提高。重盐碱地深翻 60~70 cm;中盐碱地或 100 cm 轻盐碱地一般深翻 30~40 cm 为宜。土体没有黏土夹层的盐碱地,一般深翻 40~50 cm。

8.9.3.3 化学修复措施

1. 对盐碱土增施化学酸性肥料过磷酸钙使 pH 降低,同时磷素能提高植物的抗性。施入适当的矿物性化肥,补充土壤中氮、磷、钾、铁等元素的含量,有明显的改土效果。

2. 施用大量有机质,如腐叶土、松针、木屑、树皮、马粪、泥炭及有机垃圾等。

3. 重度盐碱地应配合施用石膏、黑矾和磷石膏等化学改良剂改善土壤理化性状。

8.9.3.4 生物修复措施

1. 种植耐盐的绿肥和植物,如田菁、草木樨、紫花苜蓿等,以及植树造林可增强植被蒸腾,降低地下水位,加速盐分淋洗,延缓或防止积盐返盐。

2. 施用微生物菌剂。改善土壤营养与环境状况有利于土壤中钾细菌、枯草芽孢杆菌的生长繁殖,进而提高土壤有机质、速效磷、速效钾的含量,一定程度上增加土壤碱解氮含量,降低土壤 pH,加速淋盐、抑制返盐,降低土壤表层盐分含量。

8.9.3.5 营林栽培措施

1. 选用良种壮苗:种子要求必须种实饱满、发芽率高;苗木应粗壮、完整,木质化好、苗木本身水分充足、根系发育正常、无病虫害和机械损伤,达到国家苗木出圃标准的一级苗。

2. 适时造林:造林季节宜在春季(3月中下旬)用冬贮苗,来年春浇水前栽植,栽后随之浇水,可保证成活;秋季(11月上中旬),土壤返盐轻,栽后能随时浇水,苗木根系通过秋冬的恢复,成活率高。

3. 合理密植:宜采用大行距、小株距或窄带密植的方法,通常大苗造林,株行距应以 1.5 m×3 m、2 m×3 m、3 m×3 m 为宜。小苗造林株行距应以 0.75 m×1.5 m、1 m×1.5 m、1.5 m×1.5 m 为宜,乔、灌混交林比例以 1:1 或 1.0:1.5 效果较好。

4. 深栽浅埋:深栽就是植树后埋土深度低于地面 10~30 cm,浅埋就是埋土深度超过苗木原土痕 3~5 cm 即可。不易发根的树种,覆土以高出原土痕 3~5 cm 为宜,易生根的可适当深埋,栽后可在树盘覆地膜,以减少蒸发,栽植后要及时浇水。浇完一次透水后,利用地膜覆盖技术在树下地表干松后用 1.2 m 见方的地膜封坑保墒。

5. 苗木运输:苗木应随起、随运、随栽,运输和栽植过程中应采取必要的防护措施,防止失水。栽植时要适当挖大坑,以使根系避开盐分重的表土,在坑底部覆干草或锯末,阻止盐分上升。

8.9.3.6 树种选择

1. 盐碱地树种选择应遵循适地适种、乔灌木结合、速生树种与长寿树种相结合的原则。

2. 含盐量 1% 的盐碱地:藜科植物、盐蒿、碱蓬、蒲草;含盐量 0.5%~1% 的盐碱地:柽柳;含盐量 0.3%~0.5% 的盐碱地:刺槐、苦楝、火炬、蜀桧、紫穗槐、沙枣;含盐量 0.2%~0.3% 的盐碱地:臭椿、白蜡、女贞、君迁子、无花果、紫薇、石榴;含盐量 0.1%~0.2% 的盐碱地:圆柏、龙柏、洒金柏、侧柏、白榆、垂柳、旱柳、香椿、合欢、大叶黄杨、杜梨;含盐量 0.1% 的盐碱地:栾树、悬铃木、雪松、杜仲、石楠、马褂木。

3. 常用耐盐碱常绿乔木有龙柏、侧柏、白皮松、雪松、黑松、沙地柏、桧柏;常绿灌木有金叶女贞、大叶黄杨、紫叶小檗;观赏花卉有丝兰等。

8.9.4 水土流失防治措施

水土流失防治工程设计技术要求参照 GB 50108、GB/T 16453.1~6、GB 50433、GB/T 15776、GB 6000、DB41/T 909 等的相关规范执行。

8.9.4.1 小流域综合治理水土保持修复措施

1. 河道治理工程区

(1)工程措施:施工前将占用耕地且有肥力的表土剥离,剥离厚度 30 cm。该部分土临时集中堆放,在施工结束后作为绿化用土,施工结束后覆土。

(2)植物措施:河岸边坡局部撒播草籽防护,草籽选用狗牙根等。

(3)临时措施:主要为剥离表土的临时拦挡、排水以及覆盖。在工程施工过程中产生的临时堆土,采用袋装土拦挡,单个袋装土 0.03 m³,单位长度工程装土量 0.09 m³/m、编织袋 3 个/m。临时拦挡外侧设置临时排水,底宽 0.3 m,深 0.3 cm,边坡比 1∶1,单位长度开挖土方量 0.18 m³/m。临时堆土表面采取临时覆盖措施。

2. 施工道路区和生产生活区

1)工程措施

主要为表土剥离及后期土地整治,施工道路占用耕地,施工结束后进行土地整治,回覆表土复耕。

2)临时措施

(1)路基两侧临时排水:施工道路两侧开挖临时排水沟,梯形断面,土排水沟底宽 0.3 m,深 0.3 m,边坡 1∶1。排水沟出口设沉沙池,场地汇水经沉沙池沉淀后排入原有沟渠。沉沙池宜为矩形断面,长 2.0 m,宽 1.5 m,深 1.5 m,土质开挖应夯实。

(2)临时堆土:在工程施工过程中产生的临时堆土,采用袋装土拦挡,单个袋装土 0.03 m³,单位长度工程装土量 0.09 m³/m、编织袋 3 个/m。临时拦挡外侧设置临时排水,底宽 0.3 m,深 0.3 m,边坡 1:1,单位长度开挖土方量 0.18 m³/m。

3. 弃土场区

(1)工程措施:弃土场原地貌为荒地,考虑其土壤肥沃性不高,不再剥离表土。弃土结束后对形成的坡面进行压实处理,并在其底部坡脚位置设置挡水土埂,防止外来雨水入侵。挡水土埂断面为梯形,顶宽 0.3 m,底宽 0.9 m,高 0.3 m,断面面积 0.18 m²。挡水土埂外侧设置土质排水边沟,将水排至就近排水系统,排水边沟断面为梯形,底宽 0.3 m,深 0.3 m,边坡 1:1。

(2)植物措施:施工结束后经土地整治,弃土场坡顶及四周边坡均应采取植草绿化。

(3)临时措施:主要为临时堆土,按照施工道路区和生产生活区规定的临时措施执行。

8.9.4.2　坡耕地保水保土耕作修复措施

1. 改变微地形

(1)等高耕作:耕作方向应与等高线呈 1%~2% 的比降,适应排水,并防止冲刷。在横坡耕作基础上采取沟垄种植、休闲地水平犁沟等措施。

(2)沟垄种植:在坡耕地上应顺等高线(或与等高线呈 1%~2% 的比降)耕作,形成沟垄相间的地面,容蓄雨水,减轻水土流失。

(3)掏钵种植:一钵一苗法。

(4)抗旱丰产沟:从坡耕地下边开始,离地边约 30 cm,顺等高线方向开挖宽约 30 cm 的一条沟,深 20~25 cm,将挖起的表土暂时堆放在沟的上方。

(5)休闲地水平犁沟:在坡耕地内,从上到下每隔 2~3 m 沿等高线或与等高线保持 1%~2% 的比降,做一道水平犁沟。犁时向下方翻土,使犁沟下方形成一道土垄,以拦蓄雨水。

2. 增加地面植物被覆

(1)草田轮作:地多人少的农区或半农牧区,特别是原来有轮歇、撂荒习惯的地区,应采用草田轮作,代替轮歇撂荒,以保持水土,改良土壤。

(2)间作与套种:要求两种(或两种以上)不同作物同时或先后种植在同一地块内,增加对地面的覆盖程度和延长对地面的覆盖时间,减轻水土流失。

(3)带状间作:包括作物带状间作、草粮带状间作。

(4)休闲地上种绿肥:作物未收获前 10~15 d,在作物行间顺等高线地面播种绿肥植物;作物收获后,绿肥植物加快生长,迅速覆盖地面。

(5)合理密植:适用于原来耕作粗放、作物植株密度偏低的地区。通过选用优良品种、增施肥料、精耕细作、实行集约经营、结合等高耕作、合理调整并增加作物的植株密度,以保水保土保肥,提高作物产量。

3. 增加土壤入渗、提高土壤抗蚀性能

(1)深耕深松,耕松的深度,以打破犁底层,提高土壤入渗能力为原则,一般为 25~30 cm。

(2)增施有机肥,要求促进土壤形成团粒结构,提高田间持水能力和土壤抗蚀性能。

(3)留茬播种,主要适用于同一地块中两种作物不能套种的坡耕地或缓坡风蚀地。

4. 减少土壤蒸发措施

减少土壤蒸发的措施有地膜覆盖和秸秆覆盖。

8.9.4.3　梯田修复措施

1. 陡坡区梯田的布设

（1）选土质较好、坡度（相对）较缓、距村较近、交通较便利、位置较低、邻近水源的地方修梯田。有条件的应考虑小型机械耕作和就地蓄水灌溉，并与坡面水系工程相结合。

（2）田块布设需顺山坡地形，大弯就势，小弯取直，田块长度尽可能达到 100~200 m，以便耕作。

（3）梯田区不能全部拦蓄暴雨径流的地方，应布置相应的排、蓄工程；在山丘上部有地表径流进入梯田区处，应布置截水沟等小型蓄排工程，以保证梯田区安全。

（4）需有从坡脚到坡顶、从村庄到田间的道路。路面一般宽 2~3 m，比降不超过15%。在地面坡度超过 15% 的地方，道路采用"S"形，盘绕而上，减小路面最大比降。

2. 缓坡区梯田的布设

（1）以道路为骨架划分耕作区，在耕作区内布置宽面（20~30 m 或更宽）、低坎（1 m 左右）地埂的梯田，田面长 200~400 m，便利大型机械耕作和自流灌溉。

（2）对少数地形有波状起伏的，耕作区应顺总的地势呈扇形，区内梯田埂线亦随之略有弧度，不要求一律呈直线。

3. 梯田设计

梯田设计工程措施按照本《导则》8.2.1 执行。

8.9.4.4　造林措施

人工造林是治理水土流失的根本措施之一。包括荒山、荒坡、荒沟、荒滩、河岸，以及村旁、路旁、宅旁、渠旁（简称"四旁"）等；同时也包括退耕的陡坡地、轮歇地与残林、疏林等需经人为干预才能防治水土流失并获得经济效益的土地。

1. 造林密度设计

1）造林密度的表现形式

（1）以行距（m）、株距（m）计，在造林施工时直接采用。

（2）以单位面积（hm²）造林株数计，用以统计需苗数量和造林成果（成活率、保存率、效益等）。

2）不同林种、树种的造林密度

（1）用材林造林密度宜为每公顷 2 000~3 000 株，根据树种特点和当地条件每公顷可放宽到 600~5 000 株。

（2）经济林与果园造林密度宜为每公顷 1 000~2 000 株，根据树种和管理水平每公顷可放宽到 500~5 000 株。

（3）以灌木为主的饲料林和薪炭林，宜为每公顷 10 000~20 000 丛，不同树种可少到每公顷 6 000 丛。

（4）水源涵养林乔木密度宜为每公顷 1 000~3 000 株，灌木密度宜为每公顷 2 000~4 000 株。

3）不同立地条件的造林密度

（1）同一地区，立地条件较好地类的造林密度可比立地条件较差地类的大些。

（2）同样立地条件，计划间伐的造林密度比不计划间伐的大些。

（3）农林间作、粮果间作等的造林密度，应采用每公顷 30~40 株或 50~100 株。

4）应坚持因地制宜原则，对每一地区每一地类的造林密度，在具体分析立地条件的基础上，通过具体设计确定。

2. 整地工程设计

1）基本要求

（1）水土保持造林，宜采取整地工程，保水保土，促进树木正常生长。

（2）不同立地条件，不同林种，应分别采用不同形式的整地工程。

（3）整地工程防御标准，可按 1~5 年一遇 3~6 h 设计暴雨量计算。根据各地不同降雨情况，分别采用不同的暴雨频率和当地最易产生严重水土流失的短历时高强度暴雨进行设计。

2）带状整地工程

（1）水平阶整地，适用于 15°~25° 的陡坡，阶面宽 1.0~1.5 m，具有 3°~5° 反坡，上下两阶间的水平距离，以设计的造林行距为准。各水平阶间斜坡径流应在阶面上能全部或大部容纳入渗，以此确定阶面宽度或阶边埂。亦可设计为隔坡形，隔坡距离根据现场确定。树苗植于距阶边 0.3~0.5 m（约 1/3 m 阶宽）处。

（2）水平沟整地，沟口上宽 0.6~1.0 m，沟底宽 0.3~0.5 m，沟深 0.4~0.6 m，沟由半挖半填做成，内侧挖出的生土用在外侧作埂。树苗植于沟底外侧。根据设计的造林行距和坡面暴雨径流情况，确定上下两沟的间距和沟的具体尺寸。

（3）反坡梯田整地，主要用于果树或其他对立地条件要求较高的经济树木。坡度较缓、土层较厚、坡面平整的地方，田面宜向内倾斜 3°~5° 反坡，田面宽 2~3 m。应根据设计的果树行距，确定上下两阶梯田的间距，并基本沿等高线布设，长度不限。隔一定距离可修筑土埂，预防水流汇集；横向比降宜保持在 1% 以内。在田面中部挖树穴种植果树。

（4）水平犁沟整地，适用于地块较大、5°~10° 的缓坡。用机械或畜力沿等高线上下结合翻土，作成水平犁沟，深 0.2~0.4 m，上口宽 0.3~0.6 m，根据设计的造林行距，确定犁沟间距。树苗应植于沟底中部。

3）穴状整地工程

（1）鱼鳞坑整地，每坑平面呈半圆形，长径 0.8~1.5 m，短径 0.5~0.8 m；坑深 0.3~0.5 m，坑内取土在下沿作成弧状土埂，高 0.2~0.3 m（中部较高，两端较低）。各坑在坡面基本上沿等高线布设，上下两行坑口呈"品"字形错开排列。根据设计造林的行距和株距，确定坑的行距和穴距。树苗栽植在坑内距下沿 0.2~0.3 m 位置。坑的两端，开挖宽、深各 0.2~0.3 m 倒"八"字形的截水沟。

（2）大坑整地，在土层极薄的土石山区或丘陵区种植果树时，应在坡面开挖大型果树坑，深 0.8~1.0 m，圆形直径 0.8~1.0 m，方形各边长 0.8~1.0 m。取出坑内石砾或生土，将附近表土填入坑内。坑的排列形式和行距、坑距参照 GB/T 16453.1 执行。

8.9.4.5 坡面小型蓄排工程治理措施

1. 基本规定

（1）坡面小型蓄排工程包括截水沟、排水沟、沉沙池和蓄水池等类型。

（2）坡面小型蓄水工程应与坡耕地治理中的梯田、保水保土耕作等措施及荒地治理中造林育林、种草育草等措施紧密结合，配套实施。

（3）在坡耕地治理的规划中，应将坡面小型蓄排工程与梯田、保水保土耕作法等措施统一规划，同步施工，达到出现设计暴雨时能保护梯田区和保土耕作区安全的目的。同时，坡面小型蓄排工程的暴雨径流和建筑物设计，也应考虑梯田和保水保土耕作，减少径流泥沙的作用。

（4）在荒地治理的规划中，应将坡面小型蓄排工程与造林育林、种草育草统一规划，同步施工，达到出现设计暴雨能保护林草措施安全的目的。同时，小型蓄排工程的暴雨径流和建筑物设计，也应考虑造林育林和种草育草，减少径流泥沙的作用。

（5）坡面小型蓄排工程应充分考虑蓄水利用。设计参照 SL 267 和 GB 50400 执行。

2. 工程设计

1）截水沟设计

（1）暴雨径流设计中的防御暴雨标准可取 10 年一遇 24 h 最大降雨量。坡面径流量与土壤侵蚀量可根据水土保持试验站的小区径流观测资料，或查阅当地水文手册确定。在上述设计频率暴雨下，不同坡度、不同土质、不同植被的坡面，应采取不同的暴雨径流量与土壤侵蚀量。

（2）蓄水型截水沟断面设计可按照 GB/T 16453.1 执行。

（3）排水型截水沟断面设计有两种情况，分别采取不同断面。①多蓄少排型。暴雨产生的坡面径流大部分蓄于沟中，只排除不能容蓄的小部分。断面尺寸基本上参照蓄水型截水沟，沟底应取 1% 左右的比降。②少蓄多排型。暴雨产生的坡面径流小部分蓄于沟中，大部分排入蓄水池。断面尺寸基本上参照排水沟的断面设计按 GB/T 16453.1 执行，同时应取 2% 左右的比降。

2）排水沟断面设计和蓄水池设计

排水沟断面设计和蓄水池设计按照 GB/T 16453.1 执行。

3）沉沙池设计

（1）池体尺寸设计。沉沙池为矩形，宽 1~2 m，长 2~4 m，深 1.5~2.0 m。其宽度应为排水沟宽度的 2 倍，长度为池体宽度的 2 倍，并有适当深度。

（2）沉沙池的进水口和出水口，可参照蓄水池进水口尺寸设计，并应做好石料（或砂浆砌砖或混凝土板）衬砌。

8.9.4.6 沟壑治理措施

1. 沟头防护工程

1）基本规定

（1）沟头防护工程应在以小流域为单元的全面规划、综合治理中，与谷坊、淤地坝等沟壑治理措施互相配合，取得共同控制沟壑发展的效果。

（2）修建沟头防护工程的重点位置应为：沟头以上有坡面天然集流槽，暴雨中坡面径流由此集中泄入沟头,引起沟头前进和扩张的地方。

(3)沟头防护工程的主要任务应为:制止坡面暴雨径流由沟头进入沟道或使之有控制地进入沟道,制止沟头前进,保护地面不被沟壑切割破坏。

(4)当坡面来水不仅集中于沟头,而且在沟边另有多处径流分散进入沟道时,应在修建沟头防护工程的同时,围绕沟边,全面地修建沟边埂,制止坡面径流进入沟道。

(5)沟头防护工程的防御标准应为 10 年一遇 3~6 h 最大暴雨。可根据各地不同降雨情况,分别采取当地最易产生严重水土流失的短历时、高强度暴雨。

(6)当沟头以上集水区面积较大(10 hm² 以上)时,应布设相应的治坡措施与小型蓄水工程,减少地表径流汇集沟头。

2)工程类型

(1)蓄水型沟头防护工程。

①围埂式。在沟头以上 3~5 m 处,围绕沟头修筑土埂,拦蓄上面来水,制止径流进入沟道。

②围埂蓄水池式。当沟头以上来水量单靠围埂不能全部拦蓄时,在围埂以上靠近低滩处,修建蓄水池,拦蓄部分坡面来水,配合围埂,共同防止径流进入沟道。

(2)排水型沟头防护工程。

①跌水式。当沟头陡崖(或陡坡)高差较小时,用浆砌块石修成跌水,下设消能设备,水流通过跌水安全进入沟道。

②悬臂式。当沟头陡崖高差较大时,用塑料管或陶管悬臂置于土质沟头陡坎之上,将来水挑泄下沟,沟底设消能设施。

(3)工程设计。

沟头防护工程按照 GB/T 16453.1 执行。

2. 谷坊工程

1)基本规定

(1)谷坊工程应在以小流域为单元的全面规划、综合治理中,与沟头防护、淤地坝等沟壑治理措施互相配合,获取共同控制沟壑侵蚀的效果。

(2)谷坊工程应修建在沟底比降较大(5%~10%或更大)、沟底下切剧烈发展的沟段。其主要任务是巩固并抬高沟床,制止沟底下切,同时稳定沟坡制止沟岸扩张(沟坡崩塌、滑塌、泻溜等)。

(3)谷坊工程在制止沟蚀的同时,应利用沟中水土资源,发展林(果)牧生产和小型水利。

(4)谷坊工程的防御标准应为 10~20 年一遇 3~6 h 最大暴雨;根据各地降雨情况,可分别采用当地最易产生严重水土流失的短历时、高强度暴雨。

2)工程设计

(1)土谷坊设计。

土谷坊坝体断面尺寸,应根据谷坊所在位置的地形条件,按照 GB/T 16453.1 执行。

(2)溢洪口设计。

①土谷坊的溢洪口应设在土坝一侧的坚实土层或岩基上,上下两座谷坊的溢洪口宜

左右交错布设。

②对沟道两岸是平地、沟深小的沟道,如坝端无适宜开挖溢洪口的位置,可将土坝高度修到超出沟床 0.5~1.0 m,坝体在沟道两岸平地上各延伸 2~3 m,并用草皮或块石护砌,使洪水从坝的两端漫至坝下农、林、牧地,或安全转入沟谷,不允许水流直接回流到坝脚处。

③溢洪口相关参数按照 GB/T 16453.1 执行。

(3)其他工程设计。

石谷坊、植物(柳、杨)谷坊、淤地坝工程等设计按照 GB/T 16453.1 等的相关规定执行。

8.10　其他工程

8.10.1　村庄整治包括建设用地整治、历史文化遗产与乡土特色保护等,具体设计可参照 GB 50445 等的有关规定执行。

8.10.2　生态景观建设包括生态网络、绿色廊道建设、生物多样性保护等,具体设计可参照 GB/T 32000 及本《导则》9.2 等的有关规定执行。

9 流域水环境保护治理工程

9.1 一般规定

9.1.1 应收集治理保护范围内水文气象、河流地貌、地质、生态环境、水环境、社会经济等方面的基础资料、相关规划成果资料及历史监测资料。

9.1.2 应对收集的资料进行合理性分析与评价,必要时进行补充调查、勘察和现场监测。

9.1.3 资料收集范围不应小于治理保护范围,时间上宜采用近3年调查资料。

9.1.4 治理保护范围确定:河道管理范围已经确定的河段,治理保护范围可参照河道管理范围;未确定河道管理范围的河段,治理保护范围可参照行洪区范围、河道沿岸实际情况并结合河道演变分析确定。行洪区范围应根据设计防洪标准相应洪水位确定。对于城镇段河道,治理保护范围尚需结合城镇总体规划确定。

9.1.5 措施配置应依据河流所处区域、河流规模、河段特点和河流健康状况等因素,选择适宜的河流生态治理保护模式,体现措施的针对性。

9.1.6 河流地貌形态保护与修复应在保障河流行洪功能、提高河道稳定性的前提下,改善生态状况,维持生物栖息地功能;并应遵循维持河流自然蜿蜒性的原则。

9.1.7 应对规划区河湖的连通性进行统筹规划,合理安排河湖连通格局与总体保护方案,保护与修复河流、湖泊、水网、湿地、沼泽等地貌单元的自然景观。

9.1.8 在进行河流岸线布置时,要合理划定岸线,清除河滩内交通道路、农田和非法建筑物,适当考虑保留城镇河段居民休闲健身便道,加强河滩管理,保护河流自然岸线的多样性特征,形成沿程宽窄相间的平面特征。

9.2 河湖地貌形态保护与修复工程

9.2.1 保护修复工程措施

9.2.1.1 近自然修复方法

河床近自然修复方法主要为深挖河道,一般工程开挖30~40 cm,将土方置于河床两侧,河边设置木桩、铺设块石等,构建多空缝隙河岸空间。

9.2.1.2 在修复河流平面形态蜿蜒性的同时,要维持和修复河流地貌的自然景观格局,保持局部弯道、深潭、浅滩、故道、洲滩以及河滨带等自然景观格局多样性特征,示意见图9.2.1.2-1和图9.2.1.2-2。

9.2.1.3 坡式护岸

河流岸坡修复尽量采用缓坡形式。下部护脚部分的结构型式应根据岸坡情况、水流条件和材料来源,主要采用抛石、石笼、沉排、土工织物枕、模袋混凝土块体、混凝土、钢筋混凝土块体、混合型等,经技术经济比较选定。河流岸坡防护设计应符合 GB 50286 有关规定。

1.抛石厚度不宜小于抛石粒径的 2 倍,水深流急处宜增大;抛石护岸坡度宜缓于1:1.5。

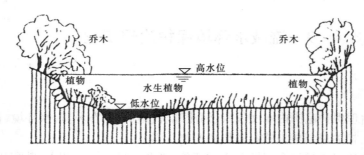

图 9.2.1.2-1　河道剖面理想断面设计

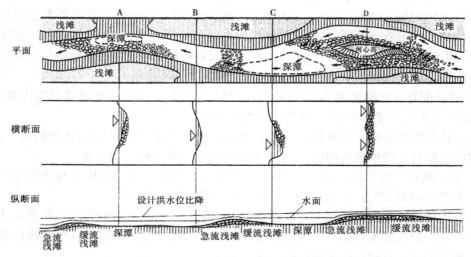

图 9.2.1.2-2　河床近自然修复设计示意图

2. 柴枕抛护上端应在多年平均最低水位处,其上应加抛接坡石;柴枕外脚应加抛压脚大块石或石笼等;枕长可为 10~15 m,枕径可为 0.5~1.0 m,柴、石体积比宜为 7:3,柴枕可为单层抛护,也可根据需要抛两层或三层。石笼护岸是在方形或者圆形的铁丝笼中放入直径不太大的天然石块,坡度控制在 1:0.5 或 1:1。

3. 土工织物枕及土工织物软体排可根据水深、流速、岸床土质情况采用单个土工织物枕抛护、3~5 个土工织物枕抛护及土工织物枕与土工织物垫层构成软体排型式防护。土工织物袋护坡:装土(砂)编织袋的孔径大小,应与土(砂)粒径相匹配,编织袋装土(砂)的充填度以 70%~80% 为宜,每袋重不应少于 50 kg,装土后封口绑扎应牢固。

4. 铰链式混凝土板-土工织物排排首应位于多年平均最低水位处,混凝土板厚度应根据水深、流速经压载防冲稳定计算确定。

5. 生态型混凝土护坡。根据当地的气候、土质和地形地貌特点,运用树脂这种天然材料进行人为加工成网,将这种网状结构填充到土壤中,并播撒草籽。

6. 生态型挡土墙。由挡土块直接干垒而成,墙体后设置一碎石排水层,保证整个墙体排水的通畅性,使水能透过墙体与土壤进行自由交换,通过不断的循环交流,使水体达到自身净化的目的。

9.2.1.4 坝式护岸

丁坝的平面布置根据 GB 50286、SL 379 等相关规定,丁坝结构如图 9.2.1.4-1~图 9.2.1.4-3 所示。

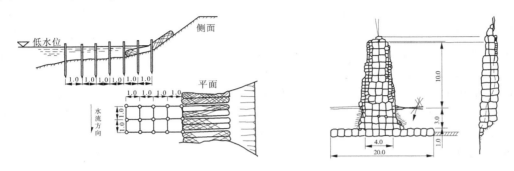

图 9.2.1.4-1 桩式丁坝断面示意图 (单位:m) 图 9.2.1.4-2 抛石丁坝断面示意图 (单位:m)

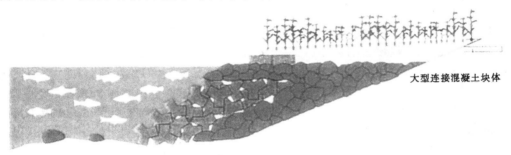

大型连接混凝土块体

为了形成鱼巢在前面铺设了大孔隙的混凝土块体

图 9.2.1.4-3 混凝土丁坝断面示意图

1.丁坝间距可为坝长的 1~3 倍,处于治导线凹岸以外位置的丁坝间距可增大。

2.非淹没丁坝宜采用下挑型式布置,坝轴线与水流流向的夹角可采用 30°~60°。

3.丁坝冲刷深度计算按照 GB 50286 执行。

4.抛石丁坝坝顶的宽度宜采用 1.0~3.0 m,坝的上下游坡度不宜陡于 1:1.5。

5.土心丁坝坝顶的宽度宜采用 5~10 m,坝的上下游护砌坡度宜缓于 1:1。护砌厚度可采用 0.5~1.0 m,重要堤段应按 GB 50286 的规定确定。

6.沉排叠砌的沉排丁坝的顶宽宜采用 2.0~4.0 m,坝的上下游坡度宜采用 1:1~1:1.5。护底层的沉排宽度应加宽,其宽度应能满足河床最大冲刷深度的要求。

9.2.1.5 生物护坡工程

保护河道整治工程安全和生态与环境的生物工程,可采用防浪林、护堤林、草皮护坡等,按照本《导则》9.4.2、GB 50707、JTS 154-1 等相关规范。

9.3 河源区生态保护与修复工程

9.3.1 河源区生态保护与修复规划以维持或恢复河源生态系统的结构和功能为宗旨,贯彻尊重自然、顺应自然、保护自然的理念,遵循保护优先、自然恢复为主、人工修复为辅的原则。

9.3.2　河源区生态保护与修复范围应根据河流规模、土地开发利用现状及人为活动影响等因素综合分析确定,宜选择河流源头至河流流经的第一个集中居民区以上的汇水区域。

9.3.3　对重要河源区首选自然恢复为主,自然恢复措施主要包括封禁、封育、退耕还林还河等;一般河源区采取封育等措施,可按照 GB/T 15163 等相关规范执行。采取工程措施,要注意可能引起的新的生态问题。

9.3.4　应根据河源区生态系统的特点和保护需求,在水源涵养能力建设、自然植被保护、生态系统保水保土功能维护、点源和面源污染控制等方面提出措施方案,并提出水土保持、植被封育、草地治理等措施的位置、规模、型式、工程量等,可按照本《导则》10.3、GB/T 16453 等相关规范执行。

9.4　河流生态保护与修复工程

9.4.1　河流生态带工程

9.4.1.1　生态带工程应以不影响河道行洪能力、因地制宜、乔灌草结合为原则,达到改善河流生态环境、明晰河道范围、保护堤岸安全、营造绿色生态廊道的目的。

9.4.1.2　根据河流沿岸社会经济发展及土地利用情况,结合河流及河道整治工程情况,生态带宜按有堤段、无堤段、重点段进行布置。

　　1. 有堤段根据堤防布置、行洪要求、河滩地宽度,由主河槽向外可建设近水灌木带、迎水乔灌木带、堤坡及堤肩灌木带、背水乔灌木带。

　　2. 无堤段根据岸坎、河滩地情况及行洪要求,由主河槽向外可建设近水灌木带、远水乔灌木带。

　　3. 对与河流伴行或交叉的城镇、公路、铁路、桥梁等重要节点段,宜突出绿化、美化布置。

9.4.1.3　依据生态带布置进行详细设计。提出生态带范围、配置型式、植物种类、苗木规格、种植方式、栽植密度、工程量等。

9.4.1.4　河岸带植物群落结构应由深至浅依次为沉水植物、浮叶植物、挺水植物、乔灌草植物,如图 9.4.1.4-1 所示。

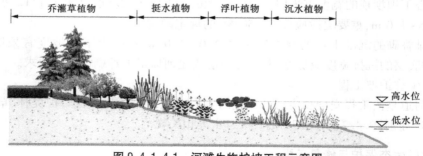

图 9.4.1.4-1　河滩生物护坡工程示意图

9.4.2 生物群落结构设计

可采用防浪林、护堤林、草皮护坡等措施,可参照 GB 50707 等相关规范标准执行。

9.4.2.1 防浪林宜采用乔木、灌木、草本植物相结合的立体生物防浪工程。

防浪林设计应符合下列要求:

1. 防浪林的种植宽度、排数、株行距等应根据消浪防冲要求和不影响安全行洪的原则确定。必要时可采用相似条件下的防浪林观测试验成果,并应类比分析确定。

2. 防浪林苗木宜选择耐淹性好、材质柔韧、树冠发育、生长速度快的杨柳科或其他适合当地生长的树种。

9.4.2.2 植物配置时应有合理的配置密度,配置时应视树种不同而定,喜光、速生、干直的乔木树种应稀植,喜阴湿、生长缓慢、干型不直的树种应密植。一般树种株距控制在 1～2 m,行距 2～4 m。河岸带距河道距离与植物配置参见表 9.4.2.2-1。水生植物的栽种水深参见表 9.4.2.2-2。

表 9.4.2.2-1　河岸带距河道距离与植物配置参考表

河岸带距离河道(m)	植物配置
0～5	以本地河岸树和灌木为优势种,辅以其他树种,形成长期稳定的落叶期
5～20	主要采用河岸树和灌木
20～27	将集流变成浅层片流,密植草地和灌木,维持旺盛的生长

表 9.4.2.2-2　适宜于不同水深的水生植物参考表

水深深度(cm)	水生植物布置
≥110	部分荷花品种
80～110	荷花等
50～80	芦苇、香蒲、水葱等
20～50	芦苇、香蒲、水葱、黄菖蒲、旱伞草、梭鱼草等
≤20	除上述植物外,还有千屈菜、长根草、薏苡等

9.4.2.3 草皮护坡

1. 草种选择:选作防护草种的基本条件是草种抗逆性强,保土性好,生长迅速,经济价值高。

2. 根据地面水分情况选种草类:

(1)一般地区选种中生草类,其特点是对水分要求中等,草质较好,如苜蓿、鸭茅等。

(2)水域岸边、沟底等低湿地选种湿生草类,其特点是水量大,不耐干旱,如田菁、芦苇等。

(3)水面、浅滩地选种水生草类,其特点是能在静水中生长繁殖,如水浮莲、菱白等。但长期浸泡在水下或行洪流速超过 3 m/s 的土堤坡面不适宜种植草皮护坡。

3. 根据土壤酸碱度选种草类:

(1)酸性土壤,pH 在 6.5 以下,选种耐酸草类,如百喜草、糖蜜草等。

（2）碱性土壤，pH 在 7.5 以上，选种耐碱草类，如芨芨草、芦苇等。

（3）中性土壤，pH 在 6.5~7.5，选种中性草类，如小冠花等。

4. 根据其他生态环境选种草类：在林地、果园内荫蔽地面，选种耐荫草类，如三叶草等。风沙地选种耐沙草类，如沙蒿、沙打旺等。

5. 种草方式按照本《导则》8.9 相关规定执行。

9.4.3　河道内栖息地改善措施

河道内栖息地改善措施包括深潭-浅滩序列、丁坝、跌水等工程措施。

9.4.3.1　深潭-浅滩序列：按照弯道出现频率来成对设计，即一个弯曲段，配有一对深潭与浅滩，每对深潭-浅滩可按下游河宽的 5~7 倍距离来交替布置，深潭与浅滩布置示意图见图 9.4.3.1-1。

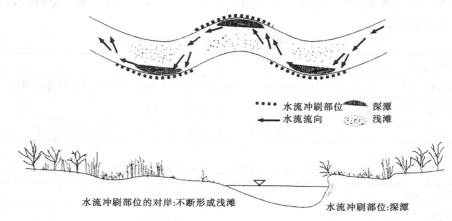

图 9.4.3.1-1　河床深潭与浅滩设计示意图

9.4.3.2　跌水：在河道内设置多个透水性跌水，具体方法是在河床上打入 1.5 m 长的松木桩，桩头露出河床表面 20 cm，木桩两侧堆放 1 000 px（1 cm＝28 px）左右的块石，填以碎石等自然材料构建而成。

9.4.3.3　丁坝设计本按照《导则》9.2.1.4 执行。

9.4.4　湿地工程

9.4.4.1　自然湿地执行本《导则》第 12 章相关规定。

9.4.4.2　人工湿地工程工艺原理和设计参数应满足 HJ 2005 的要求，人工湿地设计内容包括主要设计参数和湿地规模。

1. 人工湿地的主要设计参数应满足表 9.4.4.2-1 的要求。

表 9.4.4.2-1　人工湿地主要设计参数参考表

人工湿地类型	BOD_5 负荷[kg/(hm²·d)]	水力负荷[m³/(m²·d)]	水力停留时间(d)
表面流人工湿地	15~50	<0.1	4~8
水平潜流人工湿地	80~120	<0.5	1~3
垂直潜流人工湿地	80~120	<1.0	1~3

2. 人工湿地规模

(1) 潜流人工湿地规模即几何尺寸设计,应符合下列要求:水平潜流人工湿地单元的面积宜小于 800 m^2,垂直潜流人工湿地单元的面积宜小于 1 500 m^2;长宽比宜控制在 3∶1 以下;规则的潜流人工湿地单元的长度宜为 20~50 m;对于不规则潜流人工湿地单元,应考虑均匀布水和集水的问题;水深宜为 0.4~1.6 m;水力坡度宜为 0.5%~1%。

(2) 表面流人工湿地规模应符合下列要求:长宽比宜控制在 3∶1~5∶1,当区域受限、长宽比>10∶1 时,需要计算死水曲线;水深宜为 0.3~0.5 m;水力坡度宜小于 0.5%。

9.5 河湖连通与生态补水工程

9.5.1 河湖连通与生态补水应满足生态服务功能和水环境承载能力的要求,体现格局合理、生态健康、丰枯调剂、多源互补的原则。

9.5.2 河湖连通措施

9.5.2.1 河湖连通工程包括河与河连通、河与湖(库)连通,以及河道内修建过鱼设施、拆除废弃闸坝、修建分洪道、建开口堤、清污分流等连通工程。

9.5.2.2 纵向连通性:位于主要生态廊道的河段,不宜新建水坝、高堰、水闸等拦河建筑物。应保护原有河道深潭、浅滩、沙洲等自然河道特征。

9.5.2.3 横向连通性:应保持原有滩地和植被空间,滩地和河流主槽过水断面面积应与流量变幅相适应。不宜硬化岸坡。

9.5.3 生态补水措施

9.5.3.1 生态补水工程应在生态基流和敏感生态需水计算的基础上确定,包括生态补水水源、补水方式、补水工程布置、保障措施等。

9.5.3.2 对于严重缺乏生态流量、受纳区存在敏感保护目标、周边具备引水条件的,可实施生态补水措施。

9.5.3.3 城区段可结合区域城市发展规划,在满足河流水功能区水质要求条件下,利用再生水补充河道。

9.5.4 河湖连通与生态补水工程主要依据河流水系分布、水资源配置及河道生态整治需求确定。河湖连通与生态补水可按照 GB 50707、GB 50288、DB33/T 614、SL 613 等的相关规定执行。

9.6 入河排污口整治工程

9.6.1 入河排污口整治应满足水功能区、水域纳污能力及限制排污总量控制等要求,应满足 SL 532 的相关规定。

9.6.2 在现状调查和评价的基础上,按照入河排污口类型、水功能区管理要求,结合水污染防治规划、城镇发展总体规划等相关规划,确定入河排污口整治方案。

9.6.3 根据入河排污口整治方案进行各单项工程设计,并提出工程量。

9.7 河道生态疏浚工程

9.7.1 河道生态疏浚工程及清理工程应布置在底泥污染严重、河道堆积物较多的河段。

9.7.2 依据生态疏浚及清理工程布置,提出生态疏浚及清理位置、面积、深度、方量及去向。参照 JTJ 319、GB 50707 等的相关规定执行。

9.8 河道生物保护修复工程

河道生物保护修复设计参照《湖泊流域入湖河流河道生态修复技术指南(五)》、HJ 2005 执行,修复水质应达到 GB 3838 等标准。

9.8.1 水生动物群落修复措施

9.8.1.1 适用范围:流速缓慢、河岸带缓坡、水深小于 1 m、岸线复杂性高的河段。

9.8.1.2 设计要求:应当遵循从低等向高等的进化缩影修复原则,避免系统不稳定性。在沉水植物生态修复和多样性恢复后,开展水系现存物种调查,首先选择修复水生昆虫、螺类、贝类、杂食性虾类和小型杂食性蟹类。待群落稳定后,可引入本地肉食性鱼类。

9.8.1.3 工艺原理与技术参数

底栖动物选择河流所在区域常见物种,投放面积占河流岸带恢复区水面的 10%,动物选择不同季/相的种类。水生昆虫、螺类、贝类一般以 $50 \sim 100$ 个/m^2,杂食性虾类和小型杂食性蟹类以 $5 \sim 30$ 个/m^2 的密度投放。

9.8.2 水生植物群落修复措施

9.8.2.1 适用范围:水生植物群落多样性修复适用流速缓慢、河岸带缓坡、水深小于 3 m、岸线复杂性高的河段。

9.8.2.2 设计要求:实现净化功能。设计以挺水植被为主、沉水植被为辅,结合少量漂浮植被的全系列生态系统修复模式。

9.8.2.3 工艺原理与技术参数:挺水植物选择河流所在区域常见植物,如香蒲、芦苇,种植面积占河流岸带恢复区水面的 20%;沉水植物选择不同季/相的种类来恢复疏浚后的河流生态系统,约占恢复河段水面的 10%。挺水植物一般以 $2 \sim 10$ 丛/m^2、沉水植物以 $30 \sim 100$ 株/m^2 的密度种植。

9.8.3 沉水植物优势种定植措施

9.8.3.1 适用范围:水生植物优势种定植技术适用流速缓慢、河岸带缓坡、水深小于 1 m、岸线复杂性高的河段。

9.8.3.2 设计要求:实现稳定群落功能。设计定植优势种的种类和生长时期。

9.8.3.3 工艺原理与技术参数:定植物种密度参考环境优势种平均丰度;快速定植选取生长旺盛的种类,株高通常 $20 \sim 30$ cm。

9.8.4 沉水植物模块化种植措施

9.8.4.1 适用范围:水生植物模块化种植技术适用于流速缓慢、河岸带缓坡、水深小于 3 m、岸线复杂性高的河段。

9.8.4.2 设计要求:以集中种植最适宜,在种植方式上存在草甸种植、播撒草种、扦插等工作方式。

9.8.4.3 工艺原理与技术参数:采集肥沃湖泥、黏土及可降解纤维,按比例配制培养基质,并填入可拆卸模具中;将模具放入光照条件良好、可调节水位的小型水体中;培养基质中按一定密度种植植物种子,并随着生长高度适时调节水位,使其能快速生长,结成草甸。

9.9 污水处理工程

9.9.1 对入河排污口已达标排放,但水体水质仍不能满足水功能区水质目标的河湖,应提出污水深度处理要求,可因地制宜采取入河(湖)前的人工湿地等生态净化工程。

9.9.2 对存在底泥污染、水产养殖污染、航运污染及富营养化问题的湖库,应制定内源污染治理、氮磷控制及生态补水等防治措施和管理要求。

9.9.3 对面源污染问题突出且对水质影响较大的河湖,应根据农业和农村面源污染产生机制及特征,提出农田径流控制、农村生活及畜禽养殖面源污染治理措施。

9.9.4 水环境污染治理所建设的污(废)水收集、输送、净化的工程设计按照 HJ 2015 等相关规范执行。

9.9.5 河道水质净化措施

河道水质净化技术要求参照《湖泊流域入湖河流河道生态修复技术指南(试行)》执行。净化技术包括原位净化技术和异位净化技术。

9.9.5.1 原位净化技术

1. 物理技术

(1)人工打捞:人工打捞的主要对象是水体内的藻类、树叶、枯草、垃圾等。打捞的目的是消除水体内源污染,具有造价低、见效快的特点。

(2)引水稀释:通过外调水提高河道的自净能力、冲刷河道内污染物,改善河道水质,但该方法需要耗费大量优质水资源,因而不适用于水资源相对紧张地区。

(3)底泥处理:可采用底泥疏浚、底泥覆盖、底泥自然恢复、底泥固化等方法,去除底泥所含的污染物(水体中的氮、磷及重金属等),清除污染水体的内源,减少底泥污染物向水体的释放。

2. 化学技术

化学技术有混凝沉淀、加入化学药剂杀藻、加入铁盐促进磷的沉淀、加入石灰脱氮等。化学法具有反应迅速、见效快的特点,但化学药物易对水生生物产生毒性效应,且对生态系统造成二次污染,这种技术的应用有很大的局限性,一般作为临时应急措施使用。

3. 生物-生态修复技术

生物-生态修复技术主要是利用微生物、植物等生物的生命活动,对水中污染物进行转移、转化及降解,最大程度地恢复水体的自净能力,使水质得到净化,重建并恢复适宜多种生物生息繁衍的水生生态系统。这类技术具有处理效果好、工程造价相对较低、不需耗能或低耗能、运行成本低廉,不用向水体投放药剂,不会形成二次污染等优点,同时可以与绿化环境及景观改善相结合,创造人与自然相融的优美环境。

9.9.5.2 异位净化技术

1. 旁路多级人工湿地技术。旁路多级人工湿地技术是指湿地修建在河道周边,利用地势高低或机械动力将河水部分引入湿地净化系统中,污水经净化后,再次回到原水体的一种处理方法。

2. 分段进水生物接触氧化技术。在多级分段进水的情况下,将传统的生物接触氧化法与 AO 工艺相结合,形成短时缺氧与好氧交替的流程。通过调整各段进水流量比率、气水比、水力停留时间等参数,有效去除 COD 及脱氮除磷,河水得到净化后排放至原河道下游。可作为旁路处理系统,因地制宜地建设于河岸带。

3. 前置库技术。是指在受保护的湖泊水体上游支流,利用天然或人工库塘拦截暴雨径流,通过物理、化学以及生物过程使径流中的污染物得到去除的技术。可充分利用当地特有的地形特点,有效解决面源污染的突发性、大流量等问题,对减少外源有机污染负荷,特别是去除地表径流中的氮、磷安全有效,而且费用较低,适合多种条件,是目前防治河道面源污染的有效途径之一。

4. 砾石床技术。生态砾石床处理技术是将低污染水体的一部分导入由砾石材料制成的生态滤床进行处理的方法。该工艺为人工生态系统,具有造价低、运行费用低、水力负荷高等优点,特别适用于低污染水体的处理。

5. 稳定塘及其组合技术。通常是将土地进行适当的人工修整,建成池塘,并设置围堤和防渗层,依靠塘内生长的微生物来处理污水。稳定塘按塘内的微生物类型、供氧方式和功能等可分为好氧塘、碱性塘、厌氧塘等。

10　生物多样性保护工程

10.1　水生生物多样性保护工程

　　河南省地跨亚热带和暖温带,水热条件较好,地形复杂,构成了生态环境的多样性,为众多植物的栖息提供了条件。河南省种子植物有 168 科 1 121 属 4 268 种(含变种及变型),其中有水生种子植物 30 科 61 属 125 种、1 亚种、9 变种及 2 变型。

　　黄河流域重点保护水生生物秦岭北麓溪流大鲵、秦岭细鳞鲑、多鳞白甲鱼、水獭等。淮河源头区重点保护源头湿地生态系统和大鲵、虎纹蛙等国家重点保护野生动物,以及鳜、鲂、鲴、鲌等重要经济鱼类。

　　保护措施包括就地保护、迁地保护、种质资源保护和水生生境修复。

10.1.1　就地保护

10.1.1.1　自然保护区划定及建设。完善现有自然保护区的建设和管理,提高保护区的级别,增加保护区的数量。定期对自然保护区人类活动进行遥感监测和实地核查。在科学评估基础上,根据保护和管理实际,整合现有资源,适时调整部分保护区范围、分区与等级。具体按照 GB/T 14529、GB/T 35822 及《重点流域水生生物多样性保护方案》实施。

10.1.1.2　养殖水域的利用和开发。加强现有水产种质养殖水域的建设和管理,推动增设水产种质资源保护区。加强保护区能力建设,改善保护区管护基础设施,强化保护区管理,切实有效发挥保护区功能。对各类保护对象建立完善的监测评估机制。具体按照《水产种质资源保护区管理暂行办法》实施。

10.1.1.3　禁渔区和禁渔期规划。加强对捕捞证、准运证、驯养繁殖许可证、经营加工许可证等证件的监管。对野生动植物及其产品的经营流通加强执法监管。坚决打击非法捕捞行为。具体参照河南省《渔业法》实施办法及《重点流域水生生物多样性保护方案》实施执行。

10.1.2　迁地保护

10.1.2.1　水族馆建设。应推进加强以科学教育、科学研究和物种繁育保护等为目的的属地水族馆开发建设。水族馆水生哺乳动物驯养设施设备、水质等具体要求按照SC/T 6074、SC/T 9411、SC/T 9409、SC/T 6073、SC/T 9410 执行。

10.1.2.2　濒危、珍稀、特有物种人工繁育和救护中心建设。应推进加强濒危、珍稀、特有物种人工繁育和救护中心建设,推进珍稀濒危物种保护与人工繁育技术研究,提升河南珍稀濒危物种驯养繁育和增殖放流等能力。

10.1.2.3　栖息地替代生境建设。对栖息地环境遭到严重破坏的重点物种要加强替代生境的研究,寻找和建设适宜的保护场所开展有针对性的迁地保护行动,最大限度地保护生物多样性的完整性、特有性。

10.1.3　种质资源保护

10.1.3.1　基因资源库建设。包括各类物种基因库、保种场等建设管理。加强对水产遗传资源,特别是珍稀水产遗传资源的保护,加强水生生物遗传资源的开发与利用研究,提升生物遗传资源的可持续利用水平。应按照现行国家规范和技术要求建设管理。

10.1.3.2 外来物种入侵防治。规范外来养殖水生生物引进行为,建立外来物种入侵防控预警体系。具体参考 HJ 624 实施。

10.1.4　水生生境修复

10.1.4.1 生态湿地修复。技术手段包括湿地基底环境恢复、水生态修复、湿地植物群落构建;湿地动物群落栖息地营造(包含湿地鸟类、湿地鱼类、湿地两栖类和湿地底栖类)、湿地景观打造等。按照本《导则》第 12 章相关规定执行。

10.1.4.2 洄游通道建设与恢复。对于珍稀濒危水生生物的洄游通道,应根据实际情况,适当限制闸坝等阻隔鱼类洄游的水利设施。技术手段包括洄游通道恢复、过鱼设施建设等,应按照国家现行的相关技术标准要求建设实施。按照国务院颁发的《中国水生生物资源养护行动纲要》和国家环保总局颁发的《水电水利建设项目河道生态用水、低温水和过鱼设施环境影响评价技术指南(试行)》执行,目前还没有其他相关法律法规对河流鱼类洄游通道恢复进行规定。

10.1.4.3 鱼类增殖放流。建设鱼类增殖放流站,应满足国家现行相关的鱼类增殖放流站规范标准,选择以净水、增加种群数量与鱼类多样性以及改善景观效果为目的的放流鱼类品种。根据工程河段鱼类资源状况、工程运行后鱼类生境条件、鱼类亲本可获得性、人工驯养繁殖技术基础,合理确定放流对象,并根据水域生境条件、生态承载力、放流对象生存力等因素综合确定放流规模及放流规格。

10.1.4.4 水域生境修复改造。包括内源污染治理,按照本《导则》9.9 执行;水生动植物群落构建,按照本章相关规定执行;鱼类越冬场、产卵场、索饵场环境构建等。

1. 设计洄游通道首先要调查确定主要过坝鱼类的品种及其习性、溯游能力和过鱼季节。过鱼时间一般 3~4 个月,兼有鱼类降河下行要求的鱼道可能达 5~6 个月或更长。根据这时段中闸坝上下游水位可能出现的合理组合情况,先定设计运行水位,保证在各种水位组合下鱼道能正常运行。鱼道的流速、流态,须适应主要过坝鱼类的习性和溯游能力,使上溯鱼类不过分费力即能通过,以免对鱼类生理机能产生不利影响。鱼道的设计流速,是指设计水头下隔板过鱼孔的流速。此流速应小于鱼类上溯的游速。各隔板过鱼孔的流速应尽量一致。

2. 鱼道应设在鱼类最易发觉又能很快进入的地方,一般设在经常有水流下泄、流态平稳顺直、水质鲜肥、鱼能溯游到的距上游最近的水域,通常多在紧靠水流两侧或闸坝下游两岸岸坡处。进口在进鱼时须有 1~1.5 m 水深,且有适应水位变化的措施。横隔板的形式有溢流堰、淹没孔口和竖缝等。现代鱼道通常将几种形式组合使用,以获得较好的效果。

3. 池室的宽度多为 3~5 m。池室的长度为宽度的 1.2~1.5 倍,池室由横隔板分隔鱼道水槽而成。每 10 块隔板设一休息室,其长度为池室长度的 2 倍。鱼道的水力学条件可由公式计算和进行模型试验测定。

4. 鱼道出口须适应水库水位的变化,远离溢洪道、厂房、泄水建筑物进口,水流平顺,有一定水深,并须设坚固的网罩以防鸟兽等侵害。

5. 鱼道均设观察设施。直接观察可利用观察室和观察箱,间接观察可利用水下电视、声学全息摄影、光电计数器等。

6. 在水利枢纽中，鱼道的进口常紧靠泄水闸坝的边孔或电站尾水旁侧，如岸边地形宽阔，则槽身伸至岸坡，经过一定距离，在上游设置出口。如岸边无适宜场地，常呈盘折布置或充分利用空间分层盘折，以使槽身有足够的长度。

10.2 陆生生物多样性保护工程

10.2.1 就地保护

10.2.1.1 自然保护区划定及建设：完善现有自然保护区的建设和管理，在现有各类保护区的基础上增加保护区的数量。具体按照 GB/T 14529、GB/T 35822 执行。

10.2.1.2 自然公园建设：包括森林公园、地质公园、矿山公园、湿地公园、城市湿地公园、自然保护区、风景名胜区、考古遗址公园等建设。统筹考虑自然生态系统的完整性和周边经济社会发展的需要，合理划定单个自然公园范围。

10.2.1.3 饮用水水源地保护：应完善界标、警示牌、宣传牌等设施。加强隔离栏防护建设，构建植被绿化防护工程。饮用水水源保护区界标的设立位置应参照 HJ 338 划定，饮用水水源保护区标志样式参照 HJ/T 433 进行设立。

10.2.1.4 禁猎区及禁猎期规划：加强对猎捕证、准运证、驯养繁殖许可证、经营加工许可证等证件的监管。对野生动植物及其产品的经营流通加强执法监管。严格按照《国家野生动物保护法》执行。

10.2.2 迁地保护

10.2.2.1 动物园建设。建设内容包括城市动物园和野生动物园。具体可按照 CJJ 267 执行。

10.2.2.2 植物园建设。建设内容包括科研系统植物园、教育系统植物园、园林系统植物园、生产系统植物园等。具体可按照 CJJ/T 300 执行。

10.2.2.3 野生动植物救护繁育中心建设。工作内容为对珍稀濒危动植物进行繁育，以保护物种资源；对自然灾害或人为原因造成伤病、受困、迷途的野生动物实施救治和保护；开展野生动植物科学研究和开发利用工作；进行野生动植物疫源疫病监测、防控工作。

10.2.3 种质资源保护

10.2.3.1 种质资源保护区(库)建设。包括各类物种基因库、保种场等建设管理。种质资源保护区(库)尽量邻近农业科研单位，并有适量的耕地，以便进行育种；交通方便，水电供应可靠，位于污染源的上游或上风向。

10.2.3.2 种子基因资源库建设。包括各类种子库、物种基因库、保种场等建设管理。

10.2.3.3 野生动物苗种繁育中心建设。对珍贵经济动物的行为、生态、饲养、繁殖、育幼、生理生化、内分泌、遗传、疾病防治、人工复壮、野化放归、种群监测等领域的基础和应用研究。

10.2.3.4 外来物种入侵防治。规范外来养殖水生生物引进行为，建立外来物种入侵防控预警体系。具体按照 HJ 624 执行。

10.2.4 陆生生境修复

10.2.4.1 栖息地生态修复。栖息地植物多样性应乔灌草有机结合，加强高大乔木的种植。加强湿地环境的治污除污、垃圾清理和垃圾处理能力建设。设置招引设施,如人工鸟巢、人工饮水箱、人工投饵等。完善防火、保护标识牌等设施建设。可参考《中国生物多样性保护战略与行动计划》实施。

10.2.4.2　野生动物食物源基地建设。包括食源林建设和人工投食点建设。应选择结果型园林植物,丰富野生动物食物源。人工投食应注意季节性,冬季适量增加投食量与投食点。加强自然水体保护和人工储水设施设备的完善。

10.2.4.3　生态廊道及野生动物迁徙通道建设。推进绿地系统连通工程和生态廊道规划建设,对已经破坏的跨区域生态廊道进行恢复。野生动物迁徙通道建设应按照《国家野生动物保护法》执行。

10.2.4.4　林地生态景观修复。包括防护林、岸坡生态林、封育林、生态护坡等修复。可以采用人工植苗、直播、飞播、封山育林等技术措施。改善水源涵养功能,有效遏制土地沙化趋势。应按照 GB/T 15776、DB41/T 909 等执行。

10.2.4.5　滨水生态景观修复。措施包括滨水景观环境改造、生态护坡、外源污染治理、滨水植物群落构建等。

10.2.4.6　湿地景观修复。包括人工湿地技术、水生态修复、湿地动植物群落构建、湿地景观修复改造等。应按照本《导则》第 12 章、《河南省湿地保护条例》等相关规定执行。

10.2.4.7　农田生态系统修复。包括农业面源污染综合防治、土壤污染修复、沙漠化防治、农村农田道路修复改造、农田防护林带建设、农村污水治理、农村景观环境改造、高标准农田建设等。高标准农田建设按照 NY/T 2949 执行。

10.2.4.8　草原生态景观修复:采取各种措施恢复草原综合植被盖度。

10.3　林草植被多样性恢复工程

10.3.1　园林景观工程

10.3.1.1　以乡土树种为主,实行适地适树和引入外来树种相结合。

10.3.1.2　以主要树种为主,主要树种和一般树种相结合。采用主要树种和一般树种相结合,丰富品种,稳定树木结构,增强城市的地域特色和园林特色。

10.3.1.3　以抗逆性强的树种为主,树木的功能性和观赏性相结合。在大量选择抗逆性强的树种的同时,还要选择那些树干通直、树姿端庄、树体优美、枝繁叶茂、冠大荫浓、花艳芳香的树种。

10.3.1.4　以落叶乔木为主,实行落叶乔木与常绿乔木相结合、乔木和灌木相结合。常绿乔木所占比例应控制在 20% 以下。

10.3.1.5　以速生树种为主,实行速生树种和长寿树种相结合。在树种选择中,还要注意选择根深、抗风力强、无毒、无臭、无飞絮、无花果污染的优良树种。

10.3.1.6　植物配植以常绿、落叶、针叶和阔叶乔、灌木及地被植物经过合理搭配进行种植,参见附录 2。

10.3.2　低质低效林地改造工程

10.3.2.1　改造对象:林相残败,功能低下,并导致森林生态系统退化的林分,或者林分郁闭度小于 0.5 的中龄林以上的林分;林分生长量或生物量较同类立地条件平均水平低

30%以上的林分;遭受严重病虫、风、洪涝及风、雪、火等自然灾害,受害死亡木(含濒死木)比例占单位面积株树20%以上的林分(林带);因未适地适树或种源不适而造成的低质低效林分及经过2次以上萌芽更新生长衰退的林分;多年失管或经营粗放的残次林;火烧迹地、采伐迹地。

10.3.2.2 改造方式:更替改造、补植改造、抚育改造和封育改造。在具体操作过程中,要因地制宜、因林施措。

1. 更替改造:主要选择在火烧迹地、采伐迹地、病虫害严重危害、冻害、不适地适树导致林木生长不良及多年失管或经营粗放等原因造成的低质低效林,采取更替改造,营造速生丰产林,快速恢复和增加森林植被,提高林木生长量。更替改造种植阔叶树的比例不低于30%,且均匀分布,阔叶树以枫香、檫树、木荷等乡土或适生树种为主,使用一级苗造林。

2. 补植改造:主要选择在郁闭度小于0.5、土壤瘠薄导致林木生长不良、林下植被稀少的林分,特别是对长势差、郁闭度小、生态功能弱的马尾松低质低效林、水土流失严重山地,以及森林病虫害造成的稀疏林地,适合在林中空地补植两种以上乡土阔叶树,培育针阔混交林,优化树种结构,改善土壤结构,提高森林生态效益。

3. 抚育改造:主要选择在密度过大、林木分化严重、生长量明显下降的林分,通过抚育(包括砍杂、间伐、垦复等措施)改造的方式,以调整林分密度、结构,改善生长环境,促进林木生长,培育健康稳定、优质高效的森林。

4. 封育改造:主要选择在郁闭度小于0.5的低质低效林、疏林地,且立地条件及天然更新条件较好,通过封山育林可以达到较好生长效果的林分,或岩石裸露、急险坡林地,采取封山育林达到改造目的,要符合GB/T 15163的要求。

10.3.3 退化林分修复工程

10.3.3.1 修复对象

凡符合下列条件之一的,可被确定为修复对象:

条件一:进入成熟期,林分衰败,林木生长衰退,防护功能下降的乔木林。

条件二:主林层出现枯死木、濒死木株数占小班株数5%(含)以上,难以自然更新恢复的乔木林。

条件三:郁闭度在0.3(含)以下,林木分布不均匀、生长衰退、防护功能下降的中龄以上的乔木林。

条件四:覆盖度在40%(含)以下,分布不均匀、老化、退化,防护功能下降,难以自然更新恢复或难以维持稳定状态的灌木林。

条件五:连续缺带20 m以上且缺带长度占整条林带长度20%(含)以上,林相残败、结构失调、防护功能差的林带。

10.3.3.2 修复措施

1. 自然恢复

对郁闭度在0.2以上的乔木林、覆盖度20%以上的灌木林等退化程度较轻森林生态系统,进行封育保护、封山育林,使退化森林生态系统在自然力作用下自行恢复。封禁培育利用植被天然下种及萌生更新能力,促进植被恢复。采用适当的育林技术及科学的管理措施,具体技术按照 GB/T 15163 执行。

2. 更新修复

1) 皆伐更新

(1) 适用于条件一或条件二中主林层枯死木、濒死木株数占小班株数 30%(含)以上。

(2) 皆伐修复采用块状或带状皆伐作业方式应符合以下要求:

① 坡度小于 25° 的可以采用块状皆伐修复方式。其中坡度小于 15° 的皆伐面积控制在 5 hm² 以内,坡度大于 15° 的皆伐面积控制在 3 hm² 以内。坡度大于 25° 的应当采用带状皆伐修复方式,采伐带最大宽度不得大于 20 m,保留带宽不得小于 30 m,且采伐带要与等高线平行。

② 皆伐区内分布有溪流、湿地、湖沼,或邻近特殊保护地,应保留宽度不小于 50 m 的缓冲带。

③ 皆伐作业应对目的树种的幼苗、幼树采取保护性措施。

(3) 皆伐后采取人工植苗造林的方式进行修复。更新整地应减少对原生植被的破坏,禁止采用全面整地方式。

2) 萌芽更新

(1) 适用于条件一或条件二中主林层枯死木、濒死木占小班株数 30%(含)以上,且立地条件相对较好、树木均匀分布、密度适宜、品种优良的退化林分。

(2) 萌芽出来的植株要及时抹芽除蘖和抚育管理。

3) 伐桩嫁接更新

(1) 适用于条件一或条件二中主林层枯死木、濒死木占小班株数 30%(含)以上,且林木分布均匀、密度适中、根系具有一定活力的退化林分。

(2) 嫁接生长出来的幼苗要及时抹芽除蘖和抚育管理。

4) 林(冠)下造林更新

(1) 适用于条件一或条件二中主林层枯死木、濒死木占小班株数 10%(含)以上的林分。

(2) 在适地适树的前提下,选择幼龄期耐阴性较强、能够在林冠下正常生长发育的树种,并与林地上已有的幼苗、幼树共生。

(3) 造林前先伐除枯死木、濒死木、林业有害生物危害的林木,注意保留优良木、有益木、珍贵树。

(4) 采用穴状整地方式,以最大限度保护原生植被和原有目的树种。

(5) 待更新树种成长后根据有利于形成异龄混交的原则,选择性伐除非培育对象林木。

5) 渐进更新

(1) 适用于条件五。

(2) 以维持林带防护功能相对稳定为原则,对退化的林带采取隔槽、带外、半带及分行等方式更新修复。修复间隔期 5~8 年。

(3) 造林前先伐除枯死木、濒死木、林业有害生物危害的林木。

(4) 采用半带更新时,将偏阳或偏阴一侧、宽度约为整条林带宽度一半的林带伐除,在迹地上更新造林,待更新林带生长稳定后,再伐除保留的另一半林带进行更新。

（5）采用带外更新时,在林带偏阳或偏阴一侧按林带宽度设计整地,营造新林带,待新林带生长稳定后再伐除原有林带。

（6）采用隔带分行更新时,采伐要求执行 LY/T 1646 的规定,采伐后及时更新造林。

3. 补造修复

（1）乔木林补造。适用于条件二、条件三。伐除病腐木或濒死木、枯死木,利用林间空地营造一定数量的乔木或灌木,形成多树种(多品种)复层异龄混交林。

（2）灌木林补造。适用于条件四。通过补造乔木或灌木树种,形成乔灌混交林或灌木林。

4. 抚育修复

1）抚育复壮

（1）适用于条件二中主林层枯死木、濒死木占小班株数30%(不含)以下的乔木林。

（2）清除死亡和生长不良的林木,采取疏伐、生长伐、卫生伐、调整林分结构等抚育措施,促进林木生长。

（3）符合 GB/T 15781 中补造条件要求的林分,应进行补造。补造树种应尽量选择能与林分原有树种和谐共生的不同树种,并与原有林木形成混交林。

2）平茬复壮

（1）适用于条件三、条件四中有萌蘖能力的乔木林或灌木林。

（2）适宜平茬复壮时期为春季土壤未解冻前。

（3）立地条件较好、生长较快的灌木平茬间隔期为 3~5 年,立地条件较差、生长较慢的灌木平茬间隔期为 4~6 年。

苗木质量要求执行 GB 6000 规定;良种使用比率,营造林、补造、复壮等修复作业设计按照 GB/T 15776、LY/T 1690 等的规定执行。

10.4　监测与保育

10.4.1　应明确管理单位和工作职责,建立健全日常管理制度,制定生物多样性监测及保育方案并实施。

10.4.2　应开展水文、水质、生物多样性等日常监测,建立监测台账,及时汇总分析,修订保育方案。

10.4.3　应开展外来物种监测,及时了解外来物种的种类、数量、分布及危害情况。

10.4.4　可建设相应的管护站点,用以办公、存放仪器设备和资料等。

10.4.5　应在重要位置设置必要的宣传牌和告示牌。

11　重要生态系统保护修复工程

11.1　一般规定

全面实施沿黄、沿淮重要生态廊道保护修复工程;科学保护湿地资源;保护南水北调干渠、大运河生态环境。建设沿堤防护林带,保护两岸天然植被,确保河流和湿地面积不减少,提升迁徙性生物、禽鸟类及当地鸟类的养护能力,严格控制捕猎、破坏生态、污染环境的各种开发活动;加大沿线工业企业的污染控制和治理力度;建设完善生态廊道生物多样性保护区。

11.2　生态廊道工程

11.2.1　沿堤防护林带绿化工程

以原生植物作为景观基础,再配置人工植物进而发展、完善,以原生植物保持物种稳定性,有机、有效地结合人工栽植植物,恢复场地生态作用,保留特色植物空间。具体保留区域为河槽内非开挖回填区,河道子槽疏挖时,清理的表层土利用起来,在按设计水形态梳理后回填河道边缘,河道内长势较好的低矮花灌木进行原地保留。

11.2.1.1　植被筛选

适用乔木类:以当地乡土树种为主,可选树种有白蜡、枫杨、垂柳、旱柳、国槐、悬铃木等,打造鸟类栖息点,满足鸟类栖息要求。以隐藏性好、结果类灌木为重点,满足鸟类觅食要求。常绿灌木:石楠、南天竹、构骨等;落叶灌木:海棠、木槿、蜡梅、红瑞木、棣棠、绣线菊、紫穗槐、锦鸡儿、枸杞、月季、迎春;适用草本:旋覆花、蒲公英、二月兰、紫花地丁、婆婆纳、狼尾草、蒲苇等;适用水生:芦苇、香蒲、千屈菜、菖蒲等。具体植被筛选可参考附录2。

11.2.1.2　生物多样性保护

1. 珍稀动物保护

根据收集的资料,南太行地区是国家级生物多样性保护优先区域、世界野生猕猴分布的最北生境、野生金钱豹重要栖息地、候鸟迁徙必经之地。动物分区属于古北界东北亚界华北区太行山地丘陵亚区,主要的野生动物有230多种。其中,属于国家保护珍稀动物的有40多种:黑鹳、白尾海雕、斑嘴鹈鹕、猕猴、金钱豹、香獐、青羊、鼯鼠、水獭、金雕、鸢、玉带海雕、勺鸡、红嘴角鸮、雕鸮、长耳鸮、短耳鸮、大鲵、林蛙、隆肛蛙等。

2. 生物栖息地构建

(1)鱼类:鱼类栖息地根据水域布置节点进行确定,中游河道型湖泊区,人为影响较小,主要措施为投放鱼苗,岸缘进行生态块石堆砌、水生植物栽植等,提供鱼类隐藏场所。

(2)鸟类:治理范围预留栖息、繁殖岛,禁止游人进入,为水鸟提供筑巢、繁衍空间,保证水鸟的繁衍生息环境安全。同时设置大面积浅滩区,结合水生植物群落的构建,为鸟类提供觅食区域。栖息、繁殖岛中鸟类的生存与植物的种植质量息息相关,所以植物景观的营造需同时考虑鸟类的栖息、取食、筑巢等。植物选择以招鸟植物为主,引入草本植物,吸引以草为食的昆虫;种植蜜源植物,吸引蝴蝶、蜜蜂;局部密植灌木、乔木,为动物提供安全的栖息场所。

（3）两栖类：主要措施为河道浅滩营造、岸缘地形改造，在河道边缘形成50 cm的水下浅滩区，便于两栖类生存，河道岸缘采用1:3以下的自然缓坡，便于两栖类觅食，同时局部自然散置块石。

11.2.2　廊道生态景观工程

11.2.2.1　铺装设计

1. 铺装工程类型

1）园路

（1）堤内游路：宽度一般为2~3 m，便于亲水休憩，其间布置休憩平台及小型活动广场，便于游人通行于堤顶空间及滨水空间，打造滩地漫步游憩空间。铺装材料以压膜混凝土为主，铺装形式采用多种纹理铺设。

（2）滨水木栈道：进一步满足人们亲水戏水的需求，宽度一般为2 m。栈道形态采用木质和钢构两种形式，或是蜿蜒于水面之上，或是穿行于芦荡之间。

2）广场

（1）广场的设计遵循为公众服务的原则，运用合理适当的处理方法。利用地形的高差和层次营造广场环境系统的空间结构，利用尺度、围合程度、地面质地等手法在广场整体中划分出主与从、公共与相对私密等不同的空间领域。广场区域主要集中在下游生态游憩区，广场布置与堤顶路、景观游路相连，形成统一的景观游览体系。

（2）堤顶广场铺装以花岗岩、透水砖为主。

11.2.2.2　土方工程

1. 设计的任务：根据场地空间条件，设计局部覆土或开挖，进行生态化处理，提出利用、改造方案；同时研究原地形的变化对排水、交通和植物的影响；与平面设计相配合，创造更丰富的立面效果。

2. 设计的原则：因地制宜，充分利用原地形；满足不同分区对地形的不同要求。一般要求地形简单，环境幽静。

3. 工程设计：生态环境部分的土方工程包含河道岸线以内的浅滩开挖部分和岸线以外微地形部分。挖方应本着土方平衡的原则，结合规划区内生态环境设计及周边城市建设用地进行合理利用，形成丰富多变的自然空间。水域范围内疏挖形成浅滩区，满足滨水安全及水生植物种植需求。

4. 土壤分析：尽可能以现状表层土作为绿化种植基础土，栽植时根据检测结果进行土壤改良。

11.2.2.3　种植工程

1. 设计原则

（1）尊重现状。根据绿地范围内的水系、土壤和区域功能特性，合理确定结构和分区，将人工生态景观与原地形生态景观有机结合，并按照林木种植、生长和养护管理所需要的条件，对现状进行适当的地形整理。

（2）适地适树。树种规划上，以乡土树种为主，兼顾多样性需求，种植能够适应本地生长条件的外来植物，以彩色植被为主。

（3）功能优化。综合考虑绿地的生态功能、游憩功能，合理进行植物群落规划设计，既能充分展示现代人的生态理念,也有利于后期的经营管理维护。

(4)景观多样性。规划设计以人为本,方便舒适,塑造多样化的景观空间,做到"林园相映、林水相依、林路相连",营造出景观与自然融为一体的意境。

2.绿化种植设计

1)绿化种植目标

尽可能打造出多功能特色区滨水水生植物种植带、生态保育区、自然野趣区、生态游憩区等特色区。20年洪水位之上乔、冠、草综合布置,洪水位之下以草、花为主,局部点缀耐湿植物,岸缘以湿生植物群落为主,水中根据不同的水位情况布置挺水植物、浮水植物、沉水植物。

2)滨水水生植物种植带

布置挺水植物、浮水植物,形成多层次的水生植物群落,营造水域特色的湿地环境和水生生物栖息地。主要植物品种有芦苇、香蒲、水葱、菖蒲、千屈菜等,布置方式为条带式,布置区域为水域岸边2 m以内。

3)特色植被选择

(1)生态保育区。以山坡及岸坡植被修复为主,植物选择上以乡土植物为主,同时考虑园林景观游憩型,苗木主要品种有垂柳、青檀、白皮松、桧柏、水曲柳、桃树、杏树、李树、枇杷、国槐、旱柳、枫杨、五角枫、椿树、海棠等树种;配置方式采用大尺度片植,主要水生植物有菖蒲、千屈菜、芦苇等。花草灌木品种主要有淡竹、迎春、榆叶梅、连翘、木槿、狼尾草、波斯菊、旋复花、麦冬等。

(2)自然野趣区。场地区均在河道以内,主要以大面积带状种植的水湿生植物为主要特色,保留原有河道花草灌木,充分体现自然、易维护的特点,营造自然、生态的滨水环境。苗木主要品种有柽柳、迎春、紫穗槐、五叶地锦、观赏菊、荻、矮蒲苇、细叶芒、狼尾草等,主要水生植物有芦苇、香蒲、水葱等。

(3)生态游憩区。以列植及疏林草地的通透空间为主要特色,结合分区设计文化、简练的特色,选择观赏性强的树种,形成林下休闲场所,搭配阳光草坪、地被花卉,体现简洁明快的现代风格。苗木主要品种有银杏、水杉、垂柳、紫薇、法桐、白蜡、构骨、旱柳、乌桕等,花灌木主要有紫荆、南天竹、连翘、珍珠梅、竹类、紫叶李等,草花类主要有麦冬、白三叶、菊类、狼尾草、蒲苇、荻等,主要水生植物有荷花、菖蒲、千屈菜等。

11.2.3 道路生态廊道工程

对于不同的地形条件,具体处理方法如下。

11.2.3.1 山坡路边以林业造林树种为主,如侧柏、山桃、山杏、山楂、黄栌、连翘、迎春等;临路边处点缀景观树种,如红叶李、百日红、木槿、石楠等。山坡绿化,应在保持原有植被的情况下,点缀或片植适宜的景观树种。对于陡坡,以栽植攀缘植物为主,如爬山虎、扶芳藤、凌霄、紫藤、木香等。

11.2.3.2 岭地路边2~4 m内进行景观树种栽植。景观树种后面,可进行林业常规造林,如杨树、泡桐等。

11.2.3.3 平地绿化参照标准路段模式进行;微地形处理按规划设计施工,自然流畅,尽量与外界环境相融合。

11.2.3.4　在城市道路两侧 50 m 宽廊道内设微地形、人行步道、自行车道、公交港湾及服务休闲设施,乔灌花草相结合,突出生态,兼具景观文化、服务、交通、休闲功能。规划建成区外,以种植乔木、亚乔木为主,形成生态林带,结合地形,随行就势,体现节约型园林理念。新建设的交通道路,单幅道路两侧各设置 10 m 宽绿化带,双幅道路两侧各设置 10~20 m 宽绿化带,双向 4 车道道路两侧各设置 30 m 宽绿化带,双向 6 车道道路两侧各设置 50 m 宽绿化带。过城(镇)区的绿化带设计要兼具休闲、交通功能。

11.2.3.5　非城市道路,对低于路面超过 2 m 的沟壑,参照林业造林方法进行绿化,栽植适宜本地高大乔木树种,如杨树、泡桐等。城市道路,对低于路面 0.5~2 m 的沟壑,应种植园林景观树种,如大叶女贞、楸树、广玉兰、白玉兰、红叶李等。

11.2.4　野生动物迁徙生态廊道工程

11.2.4.1　廊道设计原则

1. 尽可能选择面积较大的天然林斑块。而这些天然林尽可能是国有林或是国有和省级公益林,能够得到较好的保存,能为各种野生动物提供良好的栖息和藏身环境。

2. 尽可能选择远离村寨空地,以减少人为活动对野生动物的影响。

3. 需尽可能避开区域内密集的经济林种植区域,以提高廊道建设的可行性。

4. 尽可能地使其边界最小化,使周围土地利用活动的干扰最小化。

11.2.4.2　廊道宽度设计

设计具有生态廊道功能的林带宽度时必须先选好被保护的野生动物,根据它们的特征来确定廊道宽度,以求廊道能在满足基本功能后达到保护城市野生动物的功能。

11.2.4.3　辅助工程设计

1. 营造通道环境。在通道建设中应尽量保存其周围的自然植被,并减少人为活动的痕迹,促使杂草、灌木尽早恢复,形成与原来一致的自然景观。同时,在通道内部结合动物的不同喜好营造适合的内部环境。

2. 涵洞。与道路交汇的地方设计涵洞,涵洞的设计概念在于提供动物横穿道路的替代途径,降低动物直接穿越道路的必须性。涵洞直径的大小根据动物情况而定。

3. 诱导网及喇叭状入口。为了导引动物进入涵洞内,涵洞的两侧应架设诱导网,诱导网上缘向路外侧翻折以避免动物攀爬。动物可以顺着诱导网找到喇叭状入口。入口需有植被遮蔽,呈现自然隐秘的状况。另外,在路旁的新泽西护栏上也架设动物防爬板。

4. 雨水导引的安排。为了维护风景及加强水土保持,路边两旁原有路边沟的设计。为了不影响排水,特在路边沟与涵洞相遇的前后方,降低路边沟的深度,以 U 形路边沟和涵洞立体交叉。

5. 架设红外线感应自动照相机。当有动物经过时,能启动系统并自动拍下动物穿越的情形,借此可以记录穿越动物的种类、性别、数量及运用此涵洞的时间、季节等。

6. 动物穿越告示牌及解说牌等相关牌示。在廊道系统路段设立本设施牌示,旁边步道上亦有解说牌示,落实生态保育教育的工作。

7. 防护网设置。在道路穿越鸟类自然保护区时,需设置柔性防护网,防护网的每个网格大小为 30 mm×30 mm。这种防护网是柔性网,具有一定的弹性和伸展性,可以降低碰撞过程中对动物的损伤。采用醒目的反光条挡板,反射效果明显。

11.3　生态涵养带保护工程

11.3.1　保护区的划分

调水干渠两侧饮用水水源保护区分为一级保护区和二级保护区。总干渠明渠段两侧饮用水水源保护区,根据地下水位与总干渠渠底高程的关系,分为以下几种类型。

11.3.1.1　地下水位低于总干渠渠底的渠段

一级保护区范围自总干渠管理范围边线(防护栏网)外延 50 m,二级保护区范围自一级保护区边线宜外延 150 m。

11.3.1.2　地下水位高于总干渠渠底的渠段

1. 微—弱透水性地层:一级保护区范围自总干渠管理范围边线(防护栏网)外延 50 m,二级保护区范围自一级保护区边线外延 500 m。

2. 弱—中等透水性地层:一级保护区范围自总干渠管理范围边线(防护栏网)外延 100 m,二级保护区范围自一级保护区边线外延 1 000 m。

3. 强透水性地层:一级保护区范围自总干渠管理范围边线(防护栏网)外延 200 m,二级保护区范围自一级保护区边线左、右侧外延 2 000 m、1 500 m。南水北调总干渠焦作城区段地下水位低于总干渠渠底,总干渠一级保护区范围自总干渠管理范围边线(防护栏网)向两侧各外延 50 m,二级保护区范围自一级保护区边线向两侧外延 150 m。

11.3.2　调水工程途经农村段现有林地生态林建设

总干渠两侧各建设 100 m 的绿化带,绿化带内侧 40 m 建设生态景观带,以景观林为主,外侧 60 m 建设林业产业带,以用材林或经济林为主。

11.3.3　调水工程途经农村段耕地生态农业建设

调水工程干线具体分为重点保护区、一般保护区和其他汇水区。

11.3.3.1　重点保护区:大中型水库沿岸 1 km、输水干线两侧 200 m、主要入湖河流两侧 100 m(从入湖口上溯 10 km)范围内的区域及重要水源地。在重点保护区内禁止使用高毒高残留化学农药,60%的农田推广使用生物防治和生态控制技术;平衡施肥面积达到 40%,其中高产田、经济作物达到 50%,蔬菜地达到 60%;严格控制新建规模化畜禽养殖场和城郊定点动物屠宰场,现有养殖场畜禽粪尿要实现无害化处理,粪尿处理率达到 80%,农村养殖大户人畜粪便得到基本治理;农作物秸秆综合利用率达到 85%以上;无公害蔬菜、水果生产面积占蔬菜、水果生产基地面积的 50%。

11.3.3.2　一般保护区:为重点保护区外 10 km、主要入湖河流两侧 10 km 范围内的区域及水土流失重点区、各入湖河流源头区。在该区农业有害生物综合防治面积达 40%,大力推广生物农药、植物源农药和高效、低毒、低残留、易分解的化学农药,禁止生产和使用国家明令禁止的农药品种;平衡施肥面积达到 30%;规模化畜禽养殖场粪尿处理率达到 50%。

11.3.3.3　其他汇水区:除重点保护区和一般保护区外的汇水区。农业有害生物综合防治面积达 40%,推广高效、低毒、低残留、易分解的化学农药,提倡采用物理、生物技术防治有害生物,禁止生产和使用国家明令禁止的农药品种;平衡施肥面积达到 20%;规模化畜禽养殖场粪尿处理率达到 30%。

11.3.4 调水工程途经城区段

11.3.4.1 园林绿地景观建设:城区段总干渠两侧宽度各 100 m(局部有扩展),绿化办法:以乡土植物为主,以种树为主,乔灌地被相结合,形成三季有花、四季常青、具有地域风貌特色的绿化景观。充分利用现状保留的文物和树木,规划一条具有场地记忆特征的游览线路。

11.3.4.2 绿化带景观:以山体景观、休闲康体、亭台楼阁等为内容,形成别具特色的南北景观带,从而提升城市的休闲价值,丰富居民生活。

11.3.4.3 山体景观:设计时充分考虑地面现状,经过绿化、美化、亮化,结合亭台楼阁等景观构筑物,打造春有花、夏有荫、秋有色、冬有景、富有本土植物景观特色的登高见水观景节点。

11.3.4.4 休闲康体区,包括入口广场、休闲运动区、艺术景观等。

11.3.5 环境综合治理

防止水质污染的措施主要是在南水北调干渠生态绿化带两侧减少农药和化肥用量,禁止工矿企业及生活生产垃圾堆放及污水排放。

11.3.6 水土保持按照本《导则》8.9 执行。

12　自然湿地保护修复工程

12.1　一般规定

12.1.1　湿地保护工程,应按批准的湿地保护工程项目建设可行性研究报告对各工程项目的建设要求和对湿地及周边地区的自然、社会经济、工程项目建设条件、湿地内原有工程设施状况等综合调查的基础上进行设计工作。应通过比较、论证,选定安全、经济的合理方案,编制湿地保护工程总平面设计和分项工程项目设计。

12.1.2　湿地保护工程设计应充分利用原有的各项工程设施。同时,要与湿地内的其他林业重点建设工程(如自然保护区建设工程、天然林资源保护工程等)相结合,不得重复建设。

12.1.3　根据湿地面积大小和自然性差异,对于形状狭长、地块相对分散,或湿地区内人口较多、自然性较差的湿地,可根据具体情况适当提高规模等级。

12.1.4　河南省的自然湿地可分为河流湿地和湖泊湿地 2 类,其中有 4 个国家级和 7 个省级,见表 12.1.4-1。

表 12.1.4-1　河南省湿地自然保护区概况

保护区名称	类型	级别
河南平顶山白龟山湿地省级自然保护区	河流、湖泊	省级
河南内乡湍河湿地省级自然保护区	河流	省级
河南郑州黄河湿地省级自然保护区	河流	省级
河南濮阳黄河湿地省级自然保护区	河流	省级
河南开封柳园口湿地省级自然保护区	河流	省级
河南新乡黄河湿地鸟类国家级自然保护区	河流	国家级
河南固始淮河湿地省级自然保护区	河流	省级
河南淮滨淮河湿地省级自然保护区	河流	省级
汝南宿鸭湖湿地自然保护区	河流、湖泊	国家级
河南黄河湿地国家级自然保护区	河流	国家级
三门峡库区湿地	河流、湖泊	国家级

注:本表为全国第二次湿地资源调查结果。

12.2　保护原则

12.2.1　生态性原则。从维护湿地生态结构和功能的完整性、防止湿地退化的要求出发,通过适度人工干预,建设湿地景观,维护湿地生态过程,为湿地生物的生存提供最大的栖息空间;优先采用有利于保护湿地环境的生态材料和工艺;岸带宜采用自然或生态的护岸措施。

12.2.2　经济性原则。要在保证各项使用功能正常的前提下,尽可能降低造价,既要考虑湿地景观建设的费用,还要兼顾建成后的管理和运行费用;保护中,合理利用现有湿地景观资源,充分利用湿地提供的水资源、生物资源和矿产资源等。

12.2.3 整体性原则。应维持和恢复湿地的连续性和完整性,使湿地植物、水系、地形地貌等组成要素形成一个连续体,保护湿地生态系统的完整性及维持湿地资源的稳定性。

12.2.4 美学原则。湿地景观建设的整体风貌应与湿地生态特征相协调,体现自然野趣、地域特色和现有的历史文化;要按照湿地景观建设的最大绿色原则和健康原则,体现湿地的独特性、景观协调性、可观赏性等,实现人与自然和谐。

12.3 建设主要内容

12.3.1 水体景观建设。湿地内以水为主体的景观建设,应通过地形改造等工程,采用自然或生态的措施来营造包括浅滩、池塘、沼泽、小湖、开敞水面、河流片段等类型。

12.3.2 植被景观建设。根据湿地植物的干、枝、叶、花、果等观赏要素与季相特征,塑造不同季节的湿地植被景观,根据湿地植物自然形态,采用孤植、丛植、群植等配置方法,塑造各种形态的植物景观。

12.3.3 人文景观建设。人工营造的步道、木栈道等湿地硬质景观应与湿地自然景观相协调,体现湿地所在地的民俗、传说和风土人情等地方特色;在不破坏湿地环境条件下,优先采用生态材料和生态工艺,充分利用湿地所在地的自然材料。

12.4 湿地保护修复工程

12.4.1 湿地保护修复工程设计可参考 LY/T 1755、LY/T 5132、建标196、《全国湿地保护工程规划(2002—2030年)》等相关规范标准执行。

12.4.2 湿地植物恢复工程

12.4.2.1 湿地植物选择

用于污染物处理,应选择根系比较发达,对污水耐受能力强和净化效果好的湿地植物种类,主要选择植物有芦苇、香蒲等;用于营造湿地景观,应选择颜色丰富(包括叶、茎和果实的颜色)、植物形状及株高与周围环境相协调的湿地植物种类,主要选择植物有水葱、水芹、千屈菜、水生莕类等;用于营造野生生物栖息地,应选择可提供隐蔽场所和食物供给的湿地植物种类,主要选择植物有芦苇、菰、慈菇等。

12.4.2.2 湿地植物配置

1. 功能配置模式

(1)物种多样化模式:陆生、湿生、挺水、漂浮、沉水等湿地植物依序构成湿地恢复区植被系统的组成部分,各组成部分比例协调,景观层次和色彩丰富。挺水植物选择芦苇、菰、香蒲、旱伞竹、荇草、水葱等,湿生植物包括斑茅、红蓼、野荞麦等,浮叶植物选择睡莲、荷花、芡实等,沉水植物选择竹叶眼子菜、黑藻、穗状狐尾藻等,漂浮植物选择浮萍、豆瓣菜等。

(2)优势种主导模式:优势种在湿地恢复区起主导作用,是植被恢复工程的主体部分,也是湿地景观的特色部分,其他物种为伴生物种。如在水产池塘中以大片的荷花种植形成的景观,点缀有香蒲、菰和水葱。

（3）水质净化型模式：以净化功能较强的湿地植被为主，水域内点缀少量其他的水生植物，主要以保持水质良好，水体透明为主，如芦苇、香蒲为主，点缀睡莲、浮萍等。

（4）景观功能型模式：主要用于水边的植物配置，驳岸的植物配置，水面的植物配置，堤、岛的植物配置等。配置时要考虑物种搭配和生态功能，做到观赏功能和水体自净功能统一协调。物种搭配应主次分明，高低错落，符合各水生植物对生态环境的要求。如种植芦苇、水葱，搭配千屈菜、狐尾藻、香蒲、菖蒲、慈菇等，形成多色彩的湿地植被景观。

2. 水文环境变化配置模式

常水位以上滩地植被带恢复配置模式，以种植低矮湿生植物的幼苗为主，如斑茅、红蓼、野荞麦等。常水位以下植被带恢复配置模式，以种植高大挺水植物的幼苗或繁殖体为主，如芦苇、香蒲、水葱等。滨水带植被恢复配置模式，以种植湿生灌木繁殖体或幼苗为主，如桎柳、旱柳、天目琼花、灌木柳、紫穗槐、榆树等。隔离带植被配置模式，以种植高大乔木和灌木为主，如杨树、刺槐、柳树、榆树、桎柳、君迁子、紫穗槐等。固坡及护岸植被带配置模式，以种植根系发达的灌木为主，如紫穗槐、天目琼花、红瑞木、丝棉木等。

3. 栽植方式

（1）栽植密度：水生湿生植物斑块式间种，种植平均密度为 5 株/m^2。

（2）苗木规格：要栽植大规格苗木，其中落叶乔木干径 6 cm 以上；常绿乔木 3 m 以上；花灌木 3 年生以上、分枝 3 个以上；芦苇要求多年生地下茎 30 cm 以上，香蒲、菖蒲、水生鸢尾以及慈菇要求为多年生带主芽地下茎。

（3）苗木质量：苗木要求植株健壮、无病虫害，株型完整、匀称，根系发达，乔木和灌木苗木达到二级以上质量标准。

12.4.3　湿地水域恢复工程

12.4.3.1　湿地水位控制设施的建设应符合国家现行标准 GB 50288、SL 265、GB 50265、GB/T 50805 和 GB 50286 的规定。

12.4.3.2　湿地水域恢复技术应用于水文条件遭到破坏的退化湿地。主要是通过工程措施对水体形状、规模、空间布局进行调整，稳定水域面积，优化湿地恢复区域内水资源分配格局，重新建立水体间良好的水平联系和垂直联系，改善湿地生态环境，保证湿地生态系统营养物质的正常输入输出，调节湿地生物群落的水分条件。

12.4.3.3　工程措施

1. 扩挖小水面技术是对过小水面的岸边进行挖掘，扩大水面浸润区域，增加淹水面积。

2. 沟通小水面措施是通过对相邻的过小水面进行连通，增强水体间自然渗透，增加水体连通性和稳定性。

3. 局部深挖技术是对水体较浅的区域进行局部深挖，增强垂直方向的水文连通，增加湿地局部水量。

4. 区域滞水技术是在区域下游地带修建小型滞水、留水设施，控制水的流失，增加区域水体面积以及水量的稳定性。

12.4.3.4　水质改善时，应首先控制流入湿地的点源和面源污染以及湿地的内源污染，使湿地免受污染。对湿地水质不能满足现行国家标准 GB 3838 基本项目的Ⅴ类标准的湿地,可采取人工措施进行净化水质。

12.4.3.5 湿地补水或项目区内的生产生活污水处理应达到 GB/T 18921 中观赏性景观环境用水标准后进入湿地。对于少量可能含有毒有害物质的科研废水,应当单独收集后进行安全处置,符合当地环境保护要求。

12.4.4 湿地地形改造工程

12.4.4.1 湿地地形改造工程应用于退化湿地地形的改造,营造湿地生物生存的适宜环境。主要通过工程措施削低过陡或过高的地貌、平整局部地形(适合鸟类等需要)、营造生境岛、规整小型水面的形状,改善和营造湿地植被和水鸟的生存环境,增加湿地生境的异质性和稳定性。

12.4.4.2 湿地地形改造工程主要包括:

1. 浅滩湿地营建工程是通过对邻近水面起伏不平的开阔地段进行局部土地平整,削平过高的地势,营造适宜湿地植被生长和水鸟栖息的开阔环境。

2. 小型水面规整工程是通过规整小型水面的形状,增加湿地的稳定性。

3. 生境岛营造工程是针对不同种类水鸟的栖息环境要求,基于原有的地形条件,在距离岸边一定距离的开阔水面处营造适宜水鸟栖息的岛屿。

12.4.5 湿地岸坡恢复工程

12.4.5.1 木桩护坡

以木桩成排垂直于水平面紧密打入较陡的岸坡。木桩的规格和布置须抗剪断、抗弯、抗倾斜、阻止土体从桩间或桩顶滑出。从木桩结构类型上划分有单排桩、双排桩和群桩等。

12.4.5.2 块石护坡

一般用在需要稳固的岸坡临近水边地段,其下层以碎石铺设,上层铺设粒径较大的块石,以块石的重力作用固着壤土,防止水流冲击侵蚀,石块的重量和形状选择需根据不同的水流冲刷能力来确定。

12.4.5.3 生态砖、生态混凝土和生态袋护坡

一般用在受水流冲蚀而容易坍塌的湿地岸坡区域,利用其重力作用固着岸坡,阻挡水流的进一步冲蚀,并为湿地植物和微生物的生长提供适宜的空间。

12.4.5.4 植物护坡和生物工程护坡

主要是利用具有生命力的湿地植物根、茎(秆)或完整的湿地植物体作为护岸结构体的主要元素,按一定的方式、方向和序列将它们扦插、种植或掩埋在湿地岸坡的不同位置,在湿地植物生长过程中实现加固和稳定岸坡,控制水土流失的目的。

12.4.6 湿地基质恢复工程

12.4.6.1 湿地基质恢复工程主要应用于土壤较为贫瘠或缺少壤质土的退化湿地的恢复。通过工程措施对营养贫瘠区域回填壤质土,增强湿地基质储存水分和营养物质的能力,为植被提供良好的营养条件,为鸟类等动物提供栖息地。

12.4.6.2 湿地基质恢复技术主要包括:分层回填壤质土、种植坑回填壤质土和种植槽回填壤质土。分层回填技术是在土壤贫瘠的开阔区,分层回填符合湿地植被生长要求的土壤,恢复湿地基质。种植坑回填技术是在恢复区范围内,挖掘不同规格的种植坑回填壤土,恢复湿地基质。种植槽回填技术是在土壤贫瘠的岸带,挖掘种植槽,回填壤土,恢复湿地基质。

12.4.7 生态廊道工程

在不同生境类型中设置利于湿地动物周期性的繁殖、取食、栖息等迁移用的生态廊道。生态廊道建设依据受保护的目标生物类型及生态学特性和迁移特点,并且排除人为干扰因素;按照本《导则》10.2执行。

12.4.8 生物保护工程

12.4.8.1 鱼类

1.应以本地土著鱼类为主,在春季进行增殖放流,促进鱼类多样性恢复。

2.增殖放流鱼类应根据其生态区特点合理配比,合理搭配上层鱼类、中层鱼类和下层鱼类,同时应考虑滤食性鱼类、草食性鱼类、肉食性鱼类等不同类群的要求,以充分利用水体空间和各种食物资源。

3.修复生态恢复亚区里的坑塘区和小型溪流,通过人工模拟的方法,对现有坑塘和小型溪流进行水系修复,设计浅滩、深潭和多段式跌水,改造护岸形式,营造急流、缓流、静水、深潭-浅滩等水流地貌特征及流速、水深等水力特征变量,浅水区增加水生植物群落,为鱼类产卵、孵化创造有利条件,为鱼类及水生生物生存提供水文环境。

12.4.8.2 鸟类

1.以本地自然分布的鸟类为主要对象,通过栖息地生境营造、食物补充、人工招引和野化放归等措施,实现鸟类多样性恢复。

2.根据鸟类种群的季节性变化,及时调整湿地修复区水位及水域面积,满足鸟类栖息需求。

3.在水鸟栖息水域应适当斑块状种植高大茂密植物,形成生境阻断,为水鸟的栖息和觅食提供安静的环境条件。

4.可设置人工投食台等辅助设施,定期投喂食物,招引鸟类,也可野放人工驯养繁殖鸟类来实现鸟类多样性增加。

5.鸟类栖息地修复的目标是为相关或多种鸟类觅食、栖息、繁殖提供场所和适宜的环境。从岸线修复、水深设计、植物配置、生态鸟岛的修复等多个方面满足相关或多种鸟类的栖息地要求。

12.4.8.3 昆虫、两栖类

1.针对陆生昆虫,建设植被密集的栖息地:引入草本植物,吸引以草为食的昆虫;种植蜜源植物,吸引蝴蝶、蜜蜂;种植灌木、乔木,为昆虫提供栖息地。

2.针对水生昆虫,建设多样的水生环境:在河流浅处种植水生草本,形成湿地性草地,为幼虫提供栖息地。水生植物隔离带可选用芦苇、香蒲、千屈菜、荻、伞草、芦竹等。

3.针对两栖类动物,建设大面积湿地、草地、砾石堆,形成多样的食物链,建设可自我持续发展的水环境和多样的生境。

4.应保留以沉水植物和浮水植物为主要植被的浅滩水域,要控制挺水植物种植,只能部分区域点缀种植,以增加湿地景观。为两栖类营造适宜生境。堤岸坡度应小于30°,禁止采用硬质驳岸方式。

5. 可以在适宜季节,开展野外放归,增加两栖类动物多样性,采用本地土著物种,不能引进外来物种。

12.4.8.4 底栖动物多样性恢复

按照本《导则》9.8.1 执行。

12.5 基础设施建设工程

12.5.1 道路交通

12.5.1.1 主干道:宽 5 m 的道路,在主干道旁间隔 100~200 m 设置车辆避让站,方便观光车、电瓶车及养护管理车辆通行。

12.5.1.2 游步道:道宽 2 m,游步道以自然线形为主,路面采用砂石、透水砖、青石板、页岩板等天然石材,质感自然,朴实,采用砂土基层。

12.5.1.3 巡护步道:宽 1.2 m,采用块石简易路面,仅供巡护管理人员通行。

12.5.1.4 停车场:为管理及宣教游园活动提供服务。

12.5.2 科研监测设施工程

建设湿地生态监测中心、生态定位监测站、生态定位监测点、鸟类观测点、鸟类监测样线、植物调查样方。购置相应的生态定位、水文、气象等科研监测设备和办公家具。

12.5.3 其他设施工程

12.5.3.1 消防设施

布设有线监控设备,配备专业扑火工具和防火服装,聘请专业技术人员进行指导、培训,掌握扑火的基本知识和技能。

12.5.3.2 公共服务设施

设置垃圾投放点(箱),一般设置在人流集中休息处,但摆放位置应考虑不影响摄影、景观观赏。

12.5.3.3 电力工程

项目区就近选用从市政 10 kV 线路上 T 接至规划区变电所,低压式配电系统采用放射式和树干式相结合的配电方式。各项技术指标要满足 GB/T 50293 的要求。采用以配电变压器为中心的放射式结构向各个建筑景点供电。根据环境和功能的不同,统一考虑灯光照明,尽量节能,如使用太阳能照明、节能灯照明、硅光管自控开关灯节电措施。

12.5.3.4 给排水工程

项目修建输水管线接入城市配水管网,满足项目区及湿地外围服务区用水要求和水质要求,同时满足周边居民生产生活用水的需要,各项指标应满足 GB 50013 规定。

13 监测工程

13.1 一般规定

13.1.1 山水林田湖草生态保护修复工程应对重要生态系统及重要生态功能区内的生态敏感因子有选择地进行监测,以进一步认清区域生态环境问题,预测生态环境发展趋势,为区域生态环境保护修复提供基础数据,为政府部门下一步工作提供决策依据。

13.1.2 监测网络布设应遵循覆盖全面、突出重点、科学先进的原则。

13.1.3 应积极采用新技术、新方法、新设备进行监测。

13.2 地质灾害监测

13.2.1 监测要素与目的。对区内的崩塌、滑坡、泥石流、地面塌陷、地裂缝等地质灾害隐患点进行监测,实时监控地质灾害隐患点的变形值、位移量、含水率、应力等指标,建立地质灾害自动化智能化预警体系,以提高区域地质灾害防治能力,最大限度地避免和减少地质灾害造成的人员伤亡和经济财产损失。

13.2.2 监测方法选取。地质灾害监测应以自动化监测为主,以专业人工监测为辅,结合遥感远程监控,充分利用区内现有的地质灾害隐患自动化监测点,对新列入的重大地质灾害隐患点进行补充安装自动化监测设备,对不具备安装监测设备条件的隐患点进行遥感监测和专业人工监测。此外,卫星遥感监测应覆盖整个项目区域,对人力无法覆盖的区域进行地质灾害动态监测,监测频率正常情况下每 15 天一次,比较稳定的可每月一次,在汛期、雨季、预报期、防治工程施工期等情况下应加密监测,宜每天一次或数小时一次直至连续跟踪监测。

13.2.3 地质灾害监测应符合 DZ/T 0221、DZ/T 0287、T/CAGHP 008、HJ 651、《河南省矿山地质环境恢复治理工程勘查、设计、施工技术要求(试行)》的相关规定。

13.3 地形地貌景观破坏监测

13.3.1 监测要素与目的。对区内由于人类工程活动引起的剥离岩土体体积、植被损坏面积、危岩治理体积、绿化面积等进行监测,以掌握区内地形地貌景观破坏治理恢复情况。

13.3.2 监测方法选取。主要采用遥感影像、摄影摄像、GPS 定位法等进行监测。监测频率为每年一次。监测应符合 SL 592 等的相关规定。

13.4 水环境监测

13.4.1 监测要素与目的

13.4.1.1 水量监测。对区内重要地表水干流、矿山集中开采区水系出口、地下含水层典型露头(天然泉点)、集中供水水源地、入河排污口进行水量监测,以掌握区域水资源量的分布特征和动态变化、开发利用情况,调整优化水源地供水方案,监测矿山开采对地表、地下水资源的疏干影响,监督人口集中区生活污水、工矿企业生产废水的排放情况。

13.4.1.2　地下水位监测。对区内富水性好的地下含水层和矿山开采集中区的地下含水层进行地下水位监测,以掌控区域地下水位的波动情况和规律,分析地下水资源量变化趋势,监控矿山开采对地下含水层的影响程度和范围。

13.4.1.3　水质监测。对区内的集中供水水源地,地下含水层典型露头(天然泉点),入河排污口,工业、生活固体废物处置场淋滤液,重要地表水系干流进行水质监测,以掌握区内水质的分布特征和动态变化情况,保障居民用水安全,监控工矿企业分布区和人口集中区产生的水体污染。

13.4.2　监测方法选取

13.4.2.1　水量监测。水量监测应建立自动化流量监测站法和人工手动测量法相结合,在施工条件好、法律法规允许、经济成本适宜的地方建自动化流量监测站,实时传输流量数据至设备终端;其他地区采用人工手动测量,最低测量频率为一个水文年两次,枯季、丰季各一次,根据监测点控制区域范围、反映问题,适当提高监测频率。

13.4.2.2　地下水位监测。地下水位监测应采用建立自动化水位监测站点的方法,利用钻机向地下钻进监测孔,配备自动化监测设备和井口保护装置,进行全自动的地下水位监测。

13.4.2.3　水质监测。水质监测采用人工采样送检的方法,对集中供水水源地、地下含水层典型露头(天然泉点)、重要地表水系干流,每个水文年采样两次,枯季、丰季各一次;对入河排污口,工业、生活固体废物处置场淋滤液每个水文年取样两次。

13.4.3　水环境监测设计应符合 GB/T 51040、HJ/T 164、SL 219、HJ/T 91 的相关规定。

13.5　土地资源及土壤环境监测

13.5.1　监测要素与目的

13.5.1.1　土地资源数量监测。对区内土地的用途、性质、分布面积、土体厚度等进行监测,以掌控区内土地的面积、厚度分布及变化情况,分析其变化趋势,为土地复垦的方向提供基础数据。

13.5.1.2　土壤环境质量监测。对区内土壤的微量元素、重金属元素、有机污染物、水溶性盐、粒径绝对含水量、导电率、酸碱度、碱化度等要素进行监测,以掌握区内土壤质量状况,为区内土壤质量改良、恢复治理提供基础数据和指导。

13.5.2　监测方法选取

13.5.2.1　土地资源数量监测。采用遥感监测法,通过卫星遥感数据解译获取土地面积分布信息,每年进行一次。土壤厚度监测则采用人工手动测量法,在监测点现场开挖土壤剖面测量其厚度,每年测量一次。

13.5.2.2　土壤环境质量监测。土壤理化特征监测和环境质量监测采用人工采样送检的方法,每年采取一次土壤样品送往专业的实验室分析检验。

13.5.3　土地资源及土壤环境监测应符合 HJ/T 166、NY/T 395、NY/T 1782 的相关规定。

13.6　林地环境监测

13.6.1　监测要素与目的

13.6.1.1　林地数量监测。对林地的面积、林木种类数量进行监测,以掌控林地覆盖面积、密度、不同林木的规模和分布,了解林地结构组成现状,统计项目区域林业资源和利用情况。

13.6.1.2　林地质量监测。对各类型林木的生长状况、病虫害分布进行监测,监测指标包括林木的胸径、树高、树叶损失率等,以掌控林地资源健康状况,及时治理病虫害。

13.6.2　监测方法选取

13.6.2.1　林地数量监测。林地数量监测以遥感监测为主,并利用现场抽样调查方法对遥感解译数据进行核实和校对,监测频率为每年一次。

13.6.2.2　林地质量监测。林地生长状况监测以现场抽样调查为主,现场测量统计不同类型林木的健康指标,每年进行一次;病虫害监测以无人机遥感监测为主,通过高精度的无人机遥感影像,分辨病木、死木,从而发现病虫害分布位置、规模,监测频率为每年两次。

13.6.2.3　监测方法应符合 LY/T 2241、LY/T 2497 等的相关规定。

13.7　草地环境监测

13.7.1　监测要素与目的

13.7.1.1　草地数量监测。对草地的面积、植被种类、数量进行监测,以掌控草地覆盖面积、分布特征,了解草地结构组成现状,统计项目区域草地资源量。

13.7.1.2　草地质量监测。对草地植被生长现状进行监测,以掌控草地资源健康状况。

13.7.2　监测方法选取

13.7.2.1　草地数量监测。草地数量监测以遥感监测为主,并利用现场抽样调查方法对遥感解译数据进行核实和校对,监测频率为每年一次。

13.7.2.2　草地质量监测。草地植被生长状况监测以现场抽样调查为主,现场测量统计不同草本植物的生长现状指标,监测频率为每年一次。

13.7.3　草地环境监测设计应符合 NY/T 1233、QX/T 537 等的相关规定。

13.8　生物多样性和生境监测

13.8.1　监测要素与目的

　　生物多样性和生境监测主要在物种、生态系统和景观 3 个水平上进行:在物种水平,主要选择濒危物种、经济物种和指示物种等,监测其种群动态和主要影响因素;在生态系统水平,通过选择重要的生态系统类型并在其典型地段建立一定面积的长期固定监测样地,实现对生态系统组成、结构、功能,以及关键物种、濒危物种等的监测;在景观水平,主要通过遥感手段和地理信息系统对一定区域的景观格局和过程及其影响因素进行监测。生物多样性和生境设计应符合 LY/T 2241、SC/T 9102、GB/T 27648 的相关规定。

13.8.2　监测方法选取。在 GIS 的支持下以遥感影像、无人机对项目区域进行大范围、全覆盖的生物多样性监测为主,以传统的现场人工抽查为辅,监测频率为每年一次。

13.8.3 应明确管理单位和工作职责,建立健全日常管理制度,制定生物多样性监测及保育方案并实施。

13.8.4 应开展水文、水质、生物多样性等日常监测,建立监测台账。水文及水质监测应每月进行一次,在防汛期应根据具体情况提高水文监测的频度;植被生长状况监测在4~8月应每月进行一次;鸟类监测应全年进行,每月一次;两栖类监测选择其繁殖活动期4~10月进行,每月进行一次;底栖动物和鱼类可根据季节情况开展,每年至少一次。

13.8.5 应开展外来物种监测,及时了解外来物种的种类、数量、分布及危害情况。

13.8.6 可建设相应的管护站点,用以办公、存放仪器设备和资料等。

13.8.7 应在重要位置设置必要的宣传牌和告示牌。

14　标示碑

14.1　制作要求

治理工程结束后,在治理区入口醒目处设立标示碑,标志碑由基座与碑体组成。其中基座由混凝土预制而成,长 2.10 m,宽 0.80 m,高 0.60 m;碑体由整块灰岩石板或钢筋混凝土板刻制而成,长 1.60 m,厚 0.30 m,高 1.40 m。基座埋设于地面以下 0.5 m,基座上部预制碑体镶嵌槽,槽长 1.62 m,宽 0.32 m,深 0.2 m,见图 14.1-1。

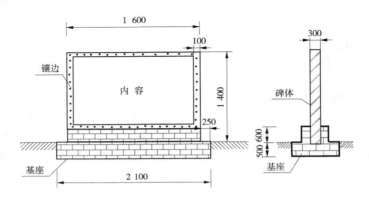

图 14.1-1　标示碑示意图　（单位:mm）

14.2　内容要求

标示碑内容主要包括生态保护修复工程标志、工程名称、工程简介、项目组织实施单位、项目承担单位、建碑日期等。

15 设计编写、变更及评审要求

15.1 设计书文本

15.1.1 设计说明书编制按 15.3 附录 1 执行。

15.1.2 山水林田湖草设计目标任务。根据野外调查现状及存在的主要环境问题,提出山水林田湖草恢复治理目标任务。

15.1.3 项目概况。简述交通位置、工程概况、自然地理、社会经济、河流水利、生物资源、土地资源、矿产资源、生态环境等。

15.1.4 山水林田湖草生态环境问题。主要叙述生态环境现状、破坏程度及危害对象等。

15.1.5 山水林田湖草修复治理设计。说明设计原则、依据,针对具体地质环境问题制定有针对性的恢复治理技术措施,结合设计图册对分项工程设计进行说明,同时对施工方法、工艺、注意事项、质量控制措施等进行详细说明。

15.1.6 保障措施。提出切实可行的组织保障、技术保障和资金保障措施,保障生态修复治理工程的顺利实施。

15.1.7 效益分析。对山水林田湖草生态修复后所产生的社会效益、环境效益和经济效益进行客观的分析评价。

15.1.8 山水林田湖草修复治理工程预算。根据修复治理工程量及工程技术手段,参照相关标准,进行经费预算。经费预算包括工程直接费用和间接费用。

15.2 制图标准

15.2.1 图件的一般要求

15.2.1.1 工作底图要采用最新的地理底图或地形地质图。如果收集到的工作底图较陈旧,地形地物变化较大,则应简单实测、修编;如果地形地质图是由小比例尺放大而得的,也应进行修编。

15.2.1.2 成果图件应在充分利用已有资料与最新调查资料、深入分析和综合研究的基础上编制。要求报告编制人员必须亲临现场,取得最新的调查资料。

15.2.1.3 成果图件要求数字化成图,图形数据文件命名清晰,并与工程文件一起存储。

15.2.1.4 成果图件要符合有关要求,表示方法合理,层次清楚,清晰直观,图式、图例、注记齐全,读图方便。

15.2.1.5 成果图件比例尺最小为 1:5 000,重要地段的成图比例尺(包括平面图和剖面图)原则上不得小于 1:1 000。

15.2.2 图件要素

15.2.2.1 地理要素:包括主要地形等高线、控制点;地表水系、水库、湖泊的分布;重要城镇、村庄、工矿企业;干线公路、铁路、重要管线;人文景观、地质遗迹、供水水源地、岩溶泉域等各类保护区。

15.2.2.2 地质环境条件要素:包括矿区地貌分区、地层岩性(产状)、主要地质构造、水文地质要素(如井、泉分布)等。

15.2.2.3 主要生态环境问题:矿山地质环境问题(采空区、地面塌陷、地裂缝、崩塌、滑坡、泥石流、含水层破坏、地形地貌景观破坏、土地资源破坏等)、水生态环境问题(地表水及地下水污染、湿地缩减及生物退化、水资源枯竭、地下水超采)、土地资源损坏(土地沙漠化、土壤污染、水土流失)、森林资源和生物多样性破坏等。

15.2.2.4 工程部署:主要防治、监测工作的布置、措施与手段等。

15.2.2.5 专门图件(大样图)。

15.2.3 图件比例尺要求按15.3附录2执行。

15.3 附件要求

15.3.1 报告中的各项设计内容需进一步详细说明的,或服务于设计的专项报告,可以作为报告的附件形式单列。

附　件

附件1　设计说明书编制提纲(提纲章节安排可视情况增减)

第一章　前言
主要内容包括项目来源、目的任务、调查成果与治理情况简述等。

第二章　项目概况及地质环境条件
主要描述项目区位条件、社会经济概况、自然地理概况。

第三章　主要生态环境问题
阐述主要生态环境问题(包括矿山地质环境问题、流域水生态环境问题)、重要生态系统受损情况(重要生态廊道、湿地、调水工程、森林资源和生物多样性等问题,土壤污染、水土流失和土地退化等)。

第四章　保护修复工程设计
修复治理工程设计原则、依据,设计条件和有关参数选取,工程总体布置,治理工程分项设计(矿山生态修复工程、土地综合整治工程、流域水环境保护治理工程、污染与退化土地修复治理工程、生物多样性保护工程、重要生态涵养带保护修复工程),设计工作量、工作周期,项目概预算等。

第五章　监测工程设计
包括监测内容、监测方法、监测工作量等。

第六章　工程施工方法与组织管理
工程施工方法,人员、设备配置,工期、工程进度安排,质量、安全、进度保证措施。

第七章　设计实施保障措施
包括组织保障、技术保障、资金保障等措施。

第八章　设计工程预算

第九章　工程效益分析
包括社会效益、环境效益、经济效益等。

附件 2 制图比例尺

（1）生态环境问题图（1:500～1:5 000）。

（2）生态修复治理工程设计平面图（1:500～1:5 000）。

（3）生态修复治理工程设计剖面图（1:200～1:2 000）。

（4）分项工程设计平面图（1:100～1:500）。

（5）分项工程设计剖面图（1:100～1:200）。

（6）工程设计监测网点图（1:500～1:5 000）。

（7）重点工程部位设计大样图（1:50～1:100）。

（8）生态修复治理工程设计效果图（1:500～1:5 000）。

15.4 工程设计变更

15.4.1 设计变更理由

1.因自然灾害等不可抗力造成项目条件发生重大变化的。

2.因环境资源、水文地质、工程地质、考古及调查、勘察等情况有重大变化,需要调整建设方案的。

3.原设计图纸存在缺陷或错误,无法保证施工质量和安全的。

4.其他需要变更的。

15.4.2 设计变更应立足于确保结构安全、改善使用功能、合理控制造价和方便施工、安全施工、保证施工质量和工期。

15.4.3 设计变更应本着节约原则,实事求是,严禁弄虚作假,严禁迎合承包人利益而变更。

15.4.4 所有的设计变更程序按照相关规定执行。

15.5 设计审查

15.5.1 设计审查依据项目任务书、合同书、设计书等相关文件约定的条款执行。

15.5.2 设计修改完善后报送建设单位审查认定。

附　录

附录1　河南省山水林田湖草生态保护修复工程设计导则规范性引用文件

序号	标准号	标准名称	实施日期 （年-月-日）	行业
1		山水林田湖草生态保护修复工程指南（试行）	2020-07	
2	GB 3838—2002	地表水环境质量标准	2002-06-01	环境
3	GB 5084—2005	农田灌溉水质标准	2006-11-01	环境
4	GB 5749—2006	生活饮用水卫生标准	2007-07-01	环境
5	GB 6000—1999	主要造林树种苗木质量分级	2000-04-01	林业
6	GB 6772—2014	爆破安全规程	2015-07-01	工程安全
7	GB 7908—99	林木种子质量分级	2000-04-01	林业
8	GB/T 14175—1993	林木引种	1993-08-01	林业
9	GB/T 14529—93	自然保护区类型与级别划分原则	1994-01-01	环境
10	GB/T 14848—2017	地下水质量标准	2018-05-01	地下水
11	GB/T 15163—2018	封山（沙）育林技术规程	2018-12-28	林业
12	GB 15618—2018	土壤环境质量农用地土壤污染风险管控标准	2018-08-01	环境
13	GB/T 15772—2008	水土保持综合治理 规划通则	2009-02-01	水利
14	GB/T 15776—2016	造林技术规程	2017-01-01	林业
15	GB/T 16453.1—2008	水土保持综合治理技术规范坡耕地治理技术	2008-11-14	水利
16	GB/T 18337—2001	生态公益林建设规划设计通则	2001-03-14	林业
17	GB/T 18921—2019	城市污水再生利用 景观环境用水水质	2020-05-01	环境
18	GB/T 16453.2—2008	水土保持综合治理 技术规范 荒地治理技术	2008-11-14	水利
19	GB/T 16453.3—2008	水土保持综合治理 技术规范 沟壑治理技术	2008-11-14	水利
20	GB/T 16453.4—2008	水土保持综合治理 技术规范 小型蓄排引水工程	2008-11-14	水利
21	GB/T 16453.5—2008	水土保持综合治理 技术规范 风沙治理技术	2008-11-14	水利
22	GB/T 16453.6—2008	水土保持综合治理 技术规范 崩岗治理技术	2008-11-14	水利
23	GB 18485—2014	生活垃圾焚烧污染控制标准	2014-07-01	环境
24	GB/T 19231—2003	土地基本术语	2003-11-01	土地
25	GB/T 20203—2017	管道输水灌溉工程技术规范	2017-11-01	水利
26	GB/T 21010—2017	土地利用现状分类	2017-11-01	土地
27	GB/T 21141—2007	防沙治沙技术规范	2008-05-01	林业

续附录1

序号	标准号	标准名称	实施日期	行业
28	GB/T 24255—2009	沙化土地监测技术规程	2009-12-01	环境
29	GB/T 28407—2012	农用地质量分等规程	2012-10-01	农业
30	GB/T 32000—2015	美丽乡村建设指南	2015-06-01	农业
31	GB/T 35822—2018	自然保护区功能区划技术规程	2018-09-01	林业
32	GB 36600—2018	土壤环境质量建设用地土壤污染风险管控标准	2018-08-01	环境
33	GB/T 38360—2019	裸露坡面植被恢复技术规范	2019-12-31	林业
34	GB/T 38509—2020	滑坡防治设计规范	2020-10-01	地质
35	GB 50003—2011	砌体结构设计规范	2012-08-01	建筑
36	GB 50007—2011	建筑地基基础设计规范	2012-08-01	建筑
37	GB 50010—2010	混凝土结构设计规范（2015 年版）	2011-07-01	建筑
38	GB 50026—2007	工程测量规范	2008-05-01	工程
39	GB 50052—2009	供配电系统设计规范	2010-07-01	电力
40	GB 50054—2011	低压配电设计规范	2012-06-01	电力
41	GB/T 50085—2007	喷灌工程技术规范	2007-10-01	水利
42	GB 50108—2008	地下工程防水技术规范	2009-04-01	水利
43	GB 50201—2014	防洪标准	2015-05-01	水利
44	GB/T 24708—2009	湿地分类	2009-11-30	林业
45	GB 50265—2010	泵站设计规范	2011-02-01	水利
46	GB/T 27648—2011	重要湿地监测指标体系	2011-12-30	林业
47	GB 50286—2013	堤防工程设计规范	2013-05-01	水利
48	GB 50288—2018	灌溉与排水工程设计标准	2018-11-01	水利
49	GB/T 50290—2014	土工合成材料应用技术规范	2015-08-01	地质
50	GB 50330—2013	建筑边坡工程技术规范	2014-06-01	地质
51	GB 50332—2002	给水排水工程管道结构设计规范	2003-03-01	水利
52	GB/T 50363—2018	节水灌溉工程技术规范	2018-11-01	水利
53	GB 50400—2016	建筑与小区雨水控制及利用工程技术规范	2017-07-01	环境
54	GB 50433—2018	生产建设项目水土保持技术标准	2008-01-14	水利
55	GB/T 50434—2018	生产建设项目水土流失防治标准	2019-04-01	水利
56	GB 50445—2008	村庄整治技术规范	2008-03-31	建设

续附录 1

序号	标准号	标准名称	实施日期	行业
57	GB/T 50485—2009	微灌工程技术规范	2009-11-01	水利
58	GB/T 50600—2010	渠道防渗工程技术规范	2011-02-01	水利
60	GB/T 50625—2010	机井技术规范	2011-06-01	水利
61	GB/T 50805—2012	城市防洪工程设计规范	2012-12-01	水利
62	GB/T 51018—2014	水土保持工程设计规范	2015-08-01	水利
63	GB/T 51040—2014	地下水监测工程技术规范	2015-08-01	环境
64	DZ/T 0219—2006	滑坡防治工程设计与施工技术规范	2006-09-01	地质
65	DZ/T 0221—2006	崩塌、滑坡、泥石流监测规范	2006-09-01	地质
66	DZ/T 0287—2015	矿山地质环境监测技术规程	2015-12-01	地质
67	T/CAGHP 008—2018	地裂缝地质灾害监测规范(试行)	2018-04-01	地质
68	T/CAGHP 012—2018	采空塌陷防治工程设计规范(试行)	2018-04-01	地质
69	T/CAGHP 021—2018	泥石流防治工程设计规范(试行)	2018-04-01	地质
70	T/CAGHP 032—2018	崩塌防治工程设计规范(试行)	2018-12-01	地质
71	LY/T 1646—2005	森林采伐作业规程	2005-12-01	林业
72	LY/T 1690—2017	低效林改造技术规程	2018-01-01	林业
73	LY/T 1755—2008	国家湿地公园建设规范	2008-12-01	林业
74	LY/T 2181—2013	湿地信息分类与代码	2014-01-01	林业
75	LY/T 2241—2014	森林生态系统生物多样性监测与评估规范	2014-12-01	林业
76	LY/T 2356—2014	矿山废弃地植被恢复技术规范	2014-08-21	林业
77	LY/T 2497—2015	防护林体系生态效益监测技术规程	2015-10-19	林业
78	LY/T 2786—2017	三北防护林退化林分修复技术规程	2017-06-05	林业
79	LY/T 5132—95	森林公园总体设计规范	1996-01-01	林业
80	SL 25—2006	砌石坝设计规范	2006-06-01	水利
81	SL 191—2008	水工混凝土结构设计规范	2009-12-01	水利
82	SL 219—2013	水环境监测规范	2014-03-16	水利
83	SL 252—2017	水利水电工程等级划分及洪水标准	2017-04-09	水利
84	SL 265—2016	水闸设计规范	2017-02-28	水利
85	SL 319—2018	混凝土重力坝设计规范	2018-10-17	水利
86	SL 379—2007	水工挡土墙设计规范	2007-08-11	水利
87	SL 482—2011	灌溉与排水渠系建筑物设计规范	2011-06-08	水利
88	SL 534—2013	生态清洁小流域建设技术导则	2013-04-22	水利

续附录1

序号	标准号	标准名称	实施日期	行业
89	SL 592—2012	水土保持遥感监测技术规范	2012-10-31	水利
90	SL 709—2015	河湖生态保护与修复规划导则	2015-09-02	水利
91	HJ/T 91—2002	地表水和污水监测技术规范	2002-01-01	环境
92	HJ/T 164—2004	地下水环境监测技术规范	2004-12-09	环境
93	HJ/T 166—2004	土壤环境监测技术规范	2004-12-09	环境
94	HJ 254—2014	污染场地土壤修复技术导则	2014-07-01	环境
95	HJ/T 338—2018	饮用水水源保护区划分技术规范	2018-07-01	环境
96	HJ 624—2011	外来物种环境风险评估技术导则	2012-01-01	环境
97	HJ 651—2013	矿山生态环境保护与恢复治理技术规范(试行)	2013-07-23	环境
98	HJ 652—2013	矿山生态环境保护与恢复治理方案(规划)编制规范(试行)	2013-07-23	环境
99	HJ 2005—2010	人工湿地污水处理工程技术规范	2011-03-01	环境
100	HJ 2015—2012	水污染治理工程技术导则	2012-06-01	环境
101	TD/T 1036—2012	土地复垦质量控制标准	2013-02-01	土地
102	TD/T 1012—2016	土地整治项目规划设计规范	2016-08-01	土地
103	TD/T 1031.1~7—2011	土地复垦方案编制规程	2011-05-31	土地
104	TD/T 1039—2013	土地整治项目工程量计算规则	2013-08-01	土地
105	TD/T 1050—2017	土地整治信息分类与编码规范	2017-09-01	土地
106	TD/T 1054—2018	土地整治术语	2018-05-01	土地
107	NY/T 395—2000	农田土壤环境质量监测技术规范	2000-12-01	农业
108	NY/T 1259—2007	基本农田环境质量保护技术规范	2007-04-17	农业
109	NY/T 1782—2009	农田土壤墒情监测技术规范	2009-12-22	农业
110	NY/T 1342—2007	人工草地建设技术规程	2007-04-17	草地
111	NY/T 1233—2006	草原资源与生态监测技术规程	2007-02-01	草地
112	NY/T 2949—2016	高标准农田建设技术规范	2016-10-26	农业
113	NY/T 2997—2016	草地分类	2016-11-01	草地
114	JTG B01—2014	公路工程技术标准	2015-01-01	道路
115	JTG C10—2007	公路勘测规范	2007-07-01	道路
116	JTG D20—2017	公路路线设计规范	2018-01-01	道路
117	JTG D30—2015	公路路基设计规范	2015-05-01	道路
118	JTGT D33—2012	公路排水设计规范	2013-03-01	道路

续附录 1

序号	标准号	标准名称	实施日期	行业
119	JTG D40—2011	公路水泥混凝土路面设计规范	2011/12-01	道路
120	JTG D50—2017	公路沥青路面设计规范	2017-09-01	道路
121	JTG D60—2015	公路桥涵设计通用规范	2015-12-01	道路
122	DL/T 5220—2005	10 kV 及以下架空配电线路设计技术规程	2005-06-01	电力
123	DL/T 499—2001	农村低压电力技术规程	2002-02-01	电力
124	SC/T 6074—2012	水族馆术语	2013-03-01	渔业
125	SC/T 9410—2012	水族馆水生哺乳动物驯养技术等级划分要求	2013-03-01	渔业
126	SC/T 9411—2012	水族馆水生哺乳动物饲养水质	2013-03-01	渔业
127	CJJ 267—2017	动物园设计规范	2017-09-01	动物
128	CJJ 134—2019	建筑垃圾处理技术规范	2019-11-01	环境
129	JGJ 147—2016	建筑拆除工程安全技术规范	2017-05-01	建筑
130	SC/T 9102—2007	渔业生态环境监测规范	2007-09-01	水产
131	CAEPI 1—2015	污染场地修复技术筛选指南	2015-06-01	环境
132	环办函〔2014〕651 号	湖泊流域入湖河流河道生态修复技术指南（试行）	2014-05-29	环境
133	豫国土资办函〔2014〕99 号	河南省矿山地质环境恢复治理工程勘查设计施工技术要求（试行）	2019-10	地质
134	建标 196—2018	湿地保护工程建设项目标准	2018-12-01	林业、草原
135	DB41/T 819—2013	地质公园地质遗迹保护规范	2013-11-05	地质
136	DB37/T 3410—2018	主要造林树种苗木质量分级	2018-09-17	林业
137	DB41/T 504—2007	主要林木种子质量分级	2007-06-24	林业
138	DB41/T 909—2014	太行山区困难造林地造林技术规程	2014-05-26	林业

附录2　河南省山水林田湖草生态修复治理设计中常用植物

一、常绿乔木类				
序号	名称	园林用途	生态习性	生物学特性及观赏特性	常用规格（cm）
1	油松	庭荫树、风景林、防护林、行道树	强阳性、耐寒、耐干旱、耐瘠薄、深根性	老年树冠伞形，树姿苍劲古雅，枝繁叶茂	φ12,h400
2	白皮松	庭荫树、风景林	阳性，适应干冷气候，抗污染能力强，不耐积水	老干树皮成粉白色，树冠开阔	h400～450
3	黑松	庭荫树、防潮林、行道树	强阳性、耐盐碱	树冠广卵形	h400
4	华山松	庭荫树、园景树	弱阳性，喜温凉湿润气候，浅根性、不耐碱土、怕涝	针叶灰绿色，针叶细软较短，暗绿色	
5	赤松	庭荫树、风景林、防护林、行道树	强阳性、耐寒、深根性、抗风力强		
6	雪松	庭荫树、风景林	弱阳性，喜温凉湿润气候，不耐水湿、浅根性	姿态优美，树干挺直，老枝铺散，印度民间视为圣树	h500
7	蜀桧	庭院观赏	喜温凉湿润气候，较耐阴	树冠尖塔形	h200～250
8	日本扁柏	庭院观赏	中性、不耐寒，喜凉爽湿润气候、浅根性	树冠尖塔形	
9	侧柏	庭荫树、绿篱	阳性、耐寒、耐干旱、耐瘠薄、抗污力强、耐修剪	幼时树冠圆锥形	
10	云杉	园景树及风景林	耐阴、喜酸性土壤、浅根性	树冠圆锥形，叶灰绿色	h200
11	冷杉	园景树及风景林	阴性树、喜冷湿、耐阴、喜酸性土壤、浅根性	树冠圆锥形，叶灰绿色	h200～300
12	桧柏	庭荫树、绿篱、行道树、防护林	阳性、耐修剪、抗性强	幼年树冠圆锥形	h200
13	龙柏	庭荫树、园景树	阳性，耐寒性不强，耐修剪，抗有害气体，滞尘能力强	树冠圆柱形似龙体	h400
14	刺柏	园景树	中性偏阴，喜温暖多雨气候及钙质土	树冠圆锥形，小枝柔软下垂	h200～300
15	千头柏	庭院观赏	阳性	树冠紧密，近球形	w50
16	大叶女贞	行道树、绿篱	弱阳性，喜温暖湿润气候，耐修剪、抗污染	花白色，6～7月，果蓝黑色	φ7～8

续附录2

一、常绿乔木类

序号	名称	园林用途	生态习性	生物学特性及观赏特性	常用规格（cm）
17	广玉兰	园景树、行道树、庭荫树	弱阳性,喜温暖湿润气候,抗污染不耐盐碱土	花大洁白芳香	φ8~10
18	枇杷	庭院观赏、果树	弱阳性,喜中性或酸性土,不耐寒	叶大荫浓,初夏黄果	φ6~7
19	石楠	庭荫树、绿篱	弱阳性,耐干旱瘠薄,不耐水湿,抗污染	枝叶浓密,嫩叶红色,花白色	h200
20	棕榈	风景树、庭荫树	中性、抗有害气体、不抗风	干直,叶如扇	h250
21	蚊母	庭院观赏	阳性、喜暖热气候	花紫叶红色,3~4月	φ5
22	桂花	风景树、庭荫树	弱阳性,怕旱	花黄白色,浓香,正值仲秋,香飘数里	φ4~5
23	珊瑚树	绿篱、基础栽植、防火隔离带	喜光,稍耐阴,抗污染	春日白花,秋日红果	h250
24	刺桂	庭院观赏	弱阳性,生长慢	花白色,甜香,10月	

二、落叶乔木类

序号	名称	园林用途	生态习性	生物学特性及观赏特性	常用规格（cm）
25	水杉	庭荫树、防护林、水边绿化	阳性、较耐寒、耐水湿	树冠狭圆锥形	φ8~9
26	银杏	庭荫树、行道树	阳性、耐寒、深根,不耐积水	树干端直高大,树姿优美,叶形美观,秋季变黄	φ8~9
27	悬铃木	庭荫树、行道树	阳性、抗污染、耐修剪	树冠阔球形,冠大荫浓	φ9~10
28	毛泡桐	庭荫树、行道树、	强阳性、耐盐碱、速生	花鲜紫色,内有紫斑及黄条纹,花期4~5月,先叶开放	
29	泡桐	庭荫树、行道树、	强阳性、耐盐碱、速生	花白色	φ5~6
30	梓树	庭荫树、行道树、防护林	弱阳性、浅根性、生长快	叶大荫浓,花淡黄色,美丽	φ7
31	楸树	庭荫树、行道树、防护林	弱阳性,不耐干旱瘠薄和水湿	树冠长圆形,干直荫浓。花白色,有紫斑,大而美观,花期5月	φ8
32	桑树	庭荫树	阳性、抗污染、抗风、耐盐碱	秋叶黄色,果可食	φ10
33	青桐	庭荫树、行道树	阳性、抗污染、怕涝	枝干青翠,叶大荫浓	φ7~8

续附录2

二、落叶乔木类

序号	名称	园林用途	生态习性	生物学特性及观赏特性	常用规格（cm）
34	毛白杨	庭荫树、行道树、防护林	阳性、抗污染、速生、寿命较长	树形端正,树皮灰白色	
35	黄连木	庭荫树、行道树、	弱阳性、耐干旱瘠薄、抗污染	树冠开阔,秋叶橙黄色或红色	φ10
36	紫穗槐	护坡固堤、林带下木	阳性、耐性强、抗污染	花暗紫色,花期5~6月	h100
37	国槐	庭荫树、行道树	阳性、耐寒、抗性强	枝叶茂密,花黄绿色,花期7~8月	φ7~8
38	龙爪槐	庭植	阳性、稍耐阴、耐寒	树冠伞形,枝下垂,花黄白色	φ6
39	五叶槐	园景树	喜光、略耐阴、喜干冷气候	叶形奇特,宛若千万绿蝶栖于树上	
40	刺槐	庭荫树、行道树、防护林、蜜源植物	阳性、浅根性、生长快	树冠椭圆状,花白色,花期5月,有香气	φ7~8
41	江南槐	风景林	阳性、耐干旱瘠薄	茎、小枝、花梗有红色刺毛,花粉红色、淡紫色,多高接在刺槐上	φ6~7
42	皂荚	庭荫树、抗污树种	阳性、稍耐阴、耐寒、耐干旱,抗污染能力强,适应各种土壤	树冠广阔,叶密荫浓	
43	合欢	行道树、庭荫树	阳性、耐寒、耐干旱瘠薄,不耐水湿,抗污染能力强	树冠扁球形,花粉红色,花期6~7月,清香	φ7~8
44	乌桕	行道树、庭荫树	阳性、耐水湿、抗风	秋叶紫红,缀以白色种子	φ10~11
45	旱柳	行道树、风景树	阳性、耐水湿、速生	树冠广卵形或倒卵形	ø8
46	垂柳	行道树、风景树	阳性、喜水湿、耐旱、速生	枝细长下垂	φ8
47	馒头柳	行道树、园景树	喜阳光充足、耐水湿		φ7~8
48	金丝垂柳	行道树、园景树	喜阳光充足、耐水湿	枝条呈金黄色	φ7
49	枫杨	行道树、护岸树	阳性、耐水湿、速生		φ6~7
50	核桃	干果树、庭荫树	阳性、不耐湿热、防尘力强	树冠广圆形至扁球形	h400
51	槲栎	庭荫树	阳性、耐干旱瘠薄	秋叶橙褐色	
52	光叶榉	庭荫树	喜光,在石灰岩谷地生长良好	秋叶变黄色、古铜色或红色	φ10
53	栾树	庭荫树、行道树	阳性、耐干旱、抗烟尘,耐短期水浸	花金黄,花期6~8月,果橘红色,9月秋叶橙黄色	φ7~8
54	小叶朴	庭荫树、行道树	中性、耐干旱、抗有毒气体,生长慢、寿命长	树形美观,树皮光滑,果紫黑色	
55	杜仲	庭荫树、行道树	阳性、适应性强、不择土壤	树冠球形,枝叶茂密	φ7~8

续附录 2

二、落叶乔木类

序号	名称	园林用途	生态习性	生物学特性及观赏特性	常用规格（cm）
56	板栗	庭荫树、果树	阳性、深根性、根系发达	枝叶稠密，树冠扁球形	φ10
57	麻栎	庭荫树、用材林	阳性、抗风力强、生长快		
58	栓皮栎	庭荫树、防风、防火	阳性、深根性、抗风力强，不耐移植、不耐水湿	树干通直，树冠雄伟，浓荫如盖，秋叶橙褐色	
59	柿树	果树、庭荫树	不耐水湿和盐碱，寿命长	秋叶红色，果橙黄色	φ8
60	君迁子	庭荫树、行道树	耐寒，耐干旱瘠薄，寿命长	果熟时，由黄色变成蓝黑色	φ10
61	构树	工矿区绿化	阳性、适应性强、不择土壤	聚花果球形，熟时橘红色	
62	白蜡	庭荫树、堤岸树	弱阳性、耐低湿、深根性	树冠卵圆形，秋叶黄色	φ8，h400
63	洋白蜡	行道树、防护林	阳性、耐寒、耐低湿	叶色深绿有光泽，发叶迟、落叶早	φ7～8
64	玉兰	庭院观赏、对植、列植	阳性、稍耐阴、颇耐寒，怕积水，生长慢	树冠球形、长圆形，花大而洁白，花期 3～4 月，芳香，早春先叶开放	φ8，h450，w300
65	枣树	果树、蜜源植物	阳性、适应性强、寿命长		φ15
66	鸡爪槭	庭荫树	阳性、喜温暖湿润气候	树姿优美，叶形秀丽，秋叶红艳	φ6
67	红枫	庭院观赏、盆栽	不耐寒、不耐水湿	叶常年红色或紫红色	φ5～6
68	红羽毛枫	庭院观赏、盆栽	不耐寒、不耐水湿	叶古铜色、古铜红色	φ5
69	茶条槭	绿篱、行道树	弱阳性、耐寒、抗烟尘	秋叶红色，翅果成熟前红色	
70	元宝枫	庭荫树、行道树	弱阳性、耐半阴、不耐涝	嫩叶红色，秋叶橙黄色或红色	φ7～8
71	五角枫	庭荫树、风景树	弱阳性、喜雨量较多地区	秋叶变亮黄色	φ7～8
72	流苏	庭植观赏	阳性、耐寒、生长慢	花白色美丽，花期 5 月，花期满树雪白。核果蓝黑色，9 月	
73	刺楸	庭荫树、行道树	弱阳性、适应性强、深根性，速生、少病虫害	顶生圆锥花序，花白色，花期 7～8 月	
74	楝树	庭荫树、行道树、防护树种	阳性、喜温暖湿润气候、抗污染，对土壤适应性强，寿命短	花堇紫色，花期 5 月，有香气，球形核果淡黄色，经冬不凋	φ7，h450，w360
75	榆树	庭荫树、行道树	喜光、耐寒、旱，不耐水湿	树干通直，树形高大，绿荫较浓	φ6～7
76	丝棉木	庭荫树、水边绿化	中性、耐寒、耐水湿、抗污染	小枝细长，枝叶秀丽	φ8
77	四照花	庭院观赏	中性、耐寒性不强	花黄白色，花期 5～6 月，秋果粉红	
78	七叶树	庭荫树、行道树、园景树	弱阳性、喜温暖湿润气候、不耐寒、深根性、生长慢、寿命长	花白色，芳香	φ7，h380，w250

续附录2

二、落叶乔木类

序号	名称	园林用途	生态习性	生物学特性及观赏特性	常用规格（cm）
79	臭椿	庭荫树、行道树	阳性,不择土壤、抗污染,不耐水湿,深根性,生长快,少病虫害	春季嫩叶紫红色,树干通直高大,叶大荫浓,在西方国家被称为天堂树	φ6~4
80	香椿	庭荫树、行道树	喜光,不耐荫,较耐水湿	嫩叶红艳,可食,根皮及果入药	φ5~6
81	千头椿	庭荫树、行道树	阳性,适应性强	树冠成伞状	φ8~10
82	东京樱花	庭荫树、行道树	不耐烟,对有害气体抗性强	花粉红色、白色,花期4~5月	φ5~6
83	杏	庭院观赏、果树	阳性,耐寒,耐干旱,不耐涝	花粉红,果黄色,6月成熟	φ4~5
84	李子	庭院观赏	喜光,耐半荫,耐寒	花色白而丰盛	φ4~5
85	木瓜	庭院观赏	阳性、喜温暖,不耐低湿和盐碱	花粉红色,秋果黄色、浓香	φ6
86	海棠花	园景树	喜光,耐寒,耐旱,忌水湿	树态峭立,花在蕾时粉红色,开后淡红至近白色,果黄色	
87	海棠果	庭荫树、果树	阳性,较耐水湿,深根性,生长快	花白色,花期4~5月,果红色或黄色	
88	西府海棠	庭院观赏	喜光,耐寒,耐旱,较耐水湿	树态峭立,花粉红色,果红色	φ5,h350,w150
89	垂丝海棠	庭院观赏、丛植	阳性,喜温暖湿润,耐寒性不强	花鲜玫瑰红色,花期4~5月	d6
90	紫叶李	庭院观赏、丛植	阳性	叶紫红色,花淡粉红色,花期3~4月	φ5
91	白梨	庭院观赏、果树	阳性,耐寒,耐水湿	花白色,花期4月	φ4~5
92	日本晚樱	庭院观赏、风景林	阳性,喜温暖湿润,较耐寒	花粉红色,有香气	φ6
93	山楂	庭院观赏、园路树	弱阳性,耐寒,抗污染,耐干旱瘠薄	花白色,顶生伞房花序,秋红果	φ8
94	重阳木	庭荫树、行道树	阳性,耐水湿,抗风	春叶、秋叶红色	φ7
95	三角枫	庭荫树、护岸树	弱阳性,耐水湿	秋叶暗红色	φ7~8
96	喜树	庭荫树、园景树	喜光,稍耐阴耐寒,较耐水湿	主干通直,叶荫浓郁	φ10
97	火炬树	园林观赏	喜光,适应性强,生长快,寿命短	雌花序及果序均红色似火炬	φ7~8
98	盐肤木	园林观赏、点缀山景	喜光,不择土壤,不耐水湿	叶轴有狭翅,秋叶鲜红	φ7
99	黄栌	园林观赏、风景林	喜光,耐半阴,耐寒,耐干旱瘠薄,不耐水湿,抗污染	秋叶变红,初夏花后有淡紫色羽毛状花梗宿存,英名有"烟树"之称	h150~180
100	鹅掌楸	庭荫树、行道树	阳性,喜温和湿润气候,较耐寒	树形端正,叶形奇特	φ8
101	白玉兰	庭院观赏、园景树	喜光,稍耐阴,颇耐寒,畏水淹	花大、洁白而芳香,著名的早春花木	φ10

续附录2

序号	名称	园林用途	生态习性	生物学特性及观赏特性	常用规格（cm）
			二、落叶乔木类		
102	木兰		喜光,不耐严寒,怕积水	传统花木,上海市花	φ7
103	二乔玉兰	庭院观赏	喜光,怕积水	花大、呈钟状、内白外淡紫色,有芳香	φ7
			三、常绿灌木类		
104	沙地柏	地被	阳性,耐寒,极耐干旱,生长迅速	匍匐状灌木,枝斜上	h50
105	铺地柏		阳性,耐寒,耐干旱,生长较慢	匍匐灌木	h60
106	翠柏	庭院观赏	喜光,喜石灰质肥沃土壤,怕涝	针叶蓝绿色	
107	鹿角柏	庭院观赏	阳性、耐寒	丛生状,干向四周斜展,针叶灰绿色	
108	构骨	庭植、刺篱	弱阳性,耐修剪,抗有毒气体,生长慢	叶革质,深绿而有光泽,果红色	h100,w100
109	海桐	绿篱、庭院观赏	不耐寒,抗SO₂,对土壤要求不严	白花芳香,叶革质,萌芽力强	w80~100
110	黄杨	绿篱、庭院观赏	中性,生长慢,耐修剪,抗污染	树冠圆形,枝叶细密	h80~100
111	锦熟黄杨	绿篱、庭植观赏	中性,耐寒性强,抗污染	枝叶紧密	
112	大叶黄杨球	观叶植物、绿篱	中性,喜温湿气候,抗有毒气体	枝叶紧密,叶面深绿有光泽	h80,w80~100
113	金心黄杨	观叶植物	中性,喜温湿气候	叶中脉附近金黄色,有时叶柄及枝端叶也为金黄色	w20
114	金边黄杨	观叶植物	中性,喜温湿气候	叶边缘金黄色	h25,w30
115	凤尾兰	庭院观赏	阳性,有一定耐寒性,抗污染	圆锥花序,花乳白色,6月、10月两次开花	h50,w50~70
116	丝兰	庭院观赏	阳性,喜温湿气候	花黄白色,花期6~7月	h30,w30
117	狭叶十大功劳	庭植、绿篱	耐阴,喜温暖气候	全株药用,有清凉、解毒、强壮之效	h50,w30
118	阔叶十大功劳	庭院观赏	耐阴,喜温暖气候	全株入药	h40
119	八角金盘	观叶植物、林带下木	耐阴,要求排水良好	花序较大,花乳白色,夏秋开花	h40
120	桃叶珊瑚	观叶、观果	阴性,不耐寒	花紫红色,果鲜红色	h40
121	小蜡	绿篱、庭植观赏	中性,较耐寒	半常绿性,花白色	w60
122	水蜡	庭植、绿篱	较耐寒	顶生圆锥花序	h50
123	夹竹桃	庭院观赏、丛植	喜光,喜温暖湿润气候,抗污染	夏季开花,花有香气	h150,w80
124	火棘	基础种植、丛植	阳性,不耐寒,耐修剪	春白花,秋冬红果	h80,w80
125	迎夏	庭植观赏	较耐寒	幼枝绿色、枝四棱	w25
126	南天竹	庭院观赏	喜半阴,耐寒性不强	秋叶色变红,赏叶观果	h40,w30
127	金丝桃	庭院观赏、丛植	阳性,耐半阴,较耐干旱	半常绿性,花金黄色,6~7月	h40,w30

续附录2

四、落叶灌木类

序号	名称	园林用途	生态习性	生物学特性及观赏特性	常用规格（cm）
128	香荚蒾	庭植观花	中性、耐干旱、耐寒	花红色，芳香，花期4月，果椭球形	
129	荚蒾	庭院观赏	中性	花白色，花期5~6月，核果红色	h40,w25
130	接骨木	庭院观赏	弱阳性、喜温暖、适应性强	花小、白色，秋果红色	h150,w80
131	猬实	庭院观赏、花篱	阳性、颇耐寒、耐干旱贫瘠	花粉红色，花期5月，果实似刺猬	h120~180
132	糯米条	庭院观赏、花篱	中性、喜温暖、耐干旱贫瘠、耐修剪、根系发达	花白色，花期7~9月，芳香，花后宿存叶片变红	
133	海州常山	庭院观赏、丛植	喜光、稍耐阴、喜温暖气候、耐干旱、耐水湿、抗污染	花白色带粉红色，花期7~8月，紫红色萼片，宿存。蓝果，9~10月	h150
134	贴梗海棠	庭院观赏、花篱、基础种植	阳性、喜温暖气候、较耐寒、耐瘠薄、不耐水湿	花粉、红或白色，花期3~4月，先叶而放簇生枝间。秋果黄色，有香气	h70~100
135	麦李	庭院观赏、丛植	阳性、较耐寒、适应性强	花粉、白色，花期4月，果红色	
136	重瓣麦李	庭院观赏、丛植	阳性、较耐寒、适应性强	花粉红色，重瓣	
137	郁李	丛植，果可招鸟类	阳性、耐寒、耐干旱、水湿	花粉、白色，春天花叶同放，果深红色	h100
138	梅	庭院观赏、片植	阳性、较耐旱、怕涝、寿命长	花红、粉、白色，芳香，花期2~3月	d5
139	垂枝梅	庭植观赏、片植	阳性、较耐旱、怕涝、寿命长	枝自然下垂或斜垂，花红、粉、白色	φ3,h200,w200
140	垂枝榆	庭植观赏、片植	阳性、较耐旱	枝自然下垂	
141	白鹃梅	庭院观赏、丛植	弱阳性、适应性强、耐干旱瘠薄、较耐寒	枝叶秀丽，4~5月开花，洁白美丽	
142	榆叶梅	庭院观赏、丛植	阳性、稍耐阴、耐干旱、忌涝	花粉红色，密集于枝条，先叶开放，花期4月	h150,w80
143	黄刺玫	庭院观赏、花篱	阳性、耐寒、耐干旱	花黄色，花期4~5月，果红色	h100,w60
144	珍珠梅	庭院观赏、丛植	耐阴、耐寒、对土壤要求不严	花小而密、白色，花期6~8月	h180,w80
145	珍珠花	庭院观赏、丛植	阳性、喜湿润排水良好的土壤	花小、白色美丽，3~4月花叶同放，早春繁华满枝，秋季叶变橘红色	
146	粉花绣线菊	庭院观赏、花篱	阳性、喜温暖气候	花粉红色，花期6~7月	h100~120
147	红帽月季	庭植、丛植	阳性、喜温暖气候、较耐寒	花红、紫色，花期5~10月	h40
148	现代月季	庭植、专类园	阳性、喜温暖气候、较耐寒	花色丰富，花期5~10月	h30
149	丰花月季	丛植	阳性、喜温暖气候、耐寒性较强	花色丰富，花期长	h40

续附录 2

四、落叶灌木类

序号	名称	园林用途	生态习性	生物学特性及观赏特性	常用规格（cm）
150	杂种香水月季	专类园、木本花卉	阳性、喜温暖气候	花大，色彩丰富，芳香，生长季中开花不断，多为灌木少有藤本	二年生
151	平枝枸子	基础种植、岩石园	阳性、耐寒、适应性强	匍匐状、秋冬果鲜红	
152	鸡麻	庭院观赏、丛植	中性、喜温暖气候、较耐寒	花白色、花期4~5月	
153	紫珠	庭院观赏、丛植	中性、喜温暖气候、较耐寒	花淡紫色，花期6~7月，核果球形，亮紫色	h150,w80
154	棣棠	丛植、花篱、庭植	中性、喜温暖气候、较耐寒	花金黄色，花期4~5月，枝干绿色	h50,w30
155	细叶小檗	绿篱、庭植观赏	喜光、耐寒、耐旱	花黄色，花期5~6月	
156	紫叶小檗	庭院观赏、丛植	耐寒，有阳光时，叶色呈紫红色	叶常年紫红，秋果红色	h50,w30
157	牡丹	庭院观赏	中性、耐寒，要求排水良好土壤	花色丰富，花期4~5月	五分枝
158	芍药	庭院观赏	阳性、耐寒，喜冷凉气候	花色有白、黄紫、粉、红等色	多年生
159	八仙花	庭植观赏	喜光，稍耐阴，喜酸性土	伞房花序，初开时白色，后变淡紫色	h40,w35
160	木本绣球	庭院观赏	阳性、稍耐阴	花白色，花期5~6月，花序大，形似绣球	h200,w100
161	蝴蝶绣球	庭植观赏	阳性、稍耐阴	白色不孕花，状如蝴蝶	
162	金叶女贞	绿篱、色带	喜光、耐高温	半常绿性，花白色，花期夏季	h50,w30
163	紫荆	庭院观赏、丛植	阳性、耐干旱瘠薄，不耐涝	花紫红色，花期3~4月，叶前开放，老茎生花	h200
164	小叶女贞	绿篱、色带	中性、喜温暖气候、较耐寒	半常绿性，花小，白色，花期8~9月，有香气，果黑色	h30~50
165	连翘	庭植、花篱、坡地、河岸栽植	阳性、耐半阴、耐寒、抗旱，不耐水渍	花金黄色，叶前开放，花期4~5月。枝条弯曲下垂	h100~120
166	丁香	庭院观赏、丛植	阳性、稍耐阴、耐寒、耐旱，忌低湿	花堇紫色，花期4~5月，芳香	φ3~4
167	金钟	丛植	喜光，耐阴，怕涝	小枝黄绿色，呈四棱，髓薄片状	h80~120
168	溲疏	花篱、丛植	喜光，稍耐阴	夏季白花	h80~100
169	雪柳	丛植、林带下木	中性、耐寒，适应性强，耐修剪	花小，白色，花期5~6月	
170	迎春	花篱、地被植物	阳性、稍耐阴，怕涝	花黄色，早春叶前开放	h70,w40
171	蜡梅	庭院观赏、盆栽	阳性、耐干旱，忌水湿，耐修剪	花蜡黄色，浓香，花期1~2月	d4,w130

续附录2

四、落叶灌木类

序号	名称	园林用途	生态习性	生物学特性及观赏特性	常用规格（cm）
172	锦鸡儿	庭院观赏、岩石园	中性、耐寒、耐干旱瘠薄	花橙黄色，花期4月	
173	胡枝子	披坡、林带下木	阳性、耐寒、耐干旱瘠薄	花紫红色，花期7~9月	h200
174	太平花	庭院观赏、丛植	弱阳性、耐寒、怕涝	花白色，花期5~6月	
175	山梅花	丛植、花篱	弱阳性、耐旱、怕水湿	花白色，花期5~6月	
176	红瑞木	庭院观赏、丛植	弱阳性、耐寒、耐湿、耐干旱瘠薄	茎枝红色美丽，花白色或黄白色	h120~150
177	锦带花	丛植、花篱	阳性、耐寒、耐干旱、怕涝	花玫瑰红色，花期4~5月	h90
178	海仙花	庭院观赏、丛植	弱阳性、喜温暖、颇耐寒	花由黄白色变为紫红色，花期5~6月	
179	天目琼花	庭植观花、观果	中性、较耐寒	花白色，花期5~6月，秋果红色	
180	金银木	庭植观赏、蜜源植物	喜光，耐半阴，耐旱，耐寒	花白色后变黄，浆果红色	h80~120
181	忍冬	庭院观赏	较耐寒	小枝中空，老枝皮灰白色，花期5月	h120~150
182	石榴	庭院观赏、果树	阳性、耐寒，适应性强	花红色，花期5~6月，果红色	h250,w80
183	接骨木	庭院观赏	弱阳性，抗有毒气体，适应性强	花小，白色，花期4~5月，秋果红色	h150,w80
184	花椒	庭院刺篱、丛植	喜光，喜肥沃湿润的钙质土	果实辛香	
185	木槿	丛植、花篱	阳性，喜温暖气候，不耐寒	花色丰富，花期7~9月	h150,w60
186	秋胡颓子	庭院观赏、林带下木	阳性，喜温暖气候，不耐寒	花黄白色，花期5~6月，芳香	
187	紫薇	庭院观赏、园路树	喜光，耐半阴，喜温暖气候，耐旱，不耐严寒，不耐涝，抗大气污染	花紫、红、白色，花期6~9月，秋叶可观	φ4
188	山桃	观花灌木	耐寒、耐旱	花期早，花时美丽可观	φ5
189	碧桃	观花灌木	喜光、耐寒、耐旱、不耐水湿	花淡红色，重瓣	φ5, h150~200
190	白碧桃	观花灌木	阳性，较耐寒，不耐水湿	花大白色，近于重瓣	
191	绛桃	观花灌木	喜光，耐旱，不耐水湿	花深红色，复瓣	
192	紫叶桃	观花灌木	喜光，耐旱，不耐水湿	叶为紫红色，花淡红色	φ4
193	寿星桃	观花灌木	喜光，耐旱，不耐水湿	树形矮小紧密，节间短	d4
194	洒金碧桃	观花灌木	喜光，耐旱，不耐水湿	同一花瓣上有粉、白二色	
195	垂枝桃	观花灌木	阳性，较耐寒，不耐水湿	枝条下垂，花多重瓣，有白、粉、红色	φ3,h280, w160
196	醉鱼草	庭院观赏、招引蝴蝶	阳性，耐修剪，性强健，耐旱	花色丰富，有紫、红、暗红、白色等品种，芳香，花期6~9月	
197	结香	庭院观赏	喜半阴，喜温暖气候，耐寒性不强		h120, w100

续附录2

四、落叶灌木类

序号	名称	园林用途	生态习性	生物学特性及观赏特性	常用规格（cm）
198	山茱萸	庭植、盆景	喜光，性强健，耐寒，耐旱	花金黄色，花期3~4月，叶前开花，果红色，秋叶红色或黄色	
199	枸杞	庭院观赏	喜光，喜水肥，耐寒，耐旱，耐盐碱、沙荒地	花冠紫红色，漏斗形，浆果卵形或长圆形，深红色或橘红色	h120~150
200	樱桃	园林观赏	喜光，耐寒、耐旱	花先叶开放	h180~200
201	枸桔	庭植、刺篱、丛植	喜光，有一定耐寒性，耐干旱盐碱	花白色，花期4月，果黄绿色，有香气	

五、竹类

序号	名称	园林用途	生态习性	生物学特性及观赏特性	常用规格（cm）
202	淡竹	庭园观赏	阳性，喜温暖湿润气候	竿灰绿色	
203	刚竹	庭园观赏	阳性，喜温暖湿润气候，稍耐寒	竿直，淡绿色，枝叶青翠	φ3
204	紫竹	庭园观赏	阳性，喜温暖湿润气候，稍耐寒	新竿绿色，老竿紫黑色	φ3，h230，w60
205	罗汉竹	庭园观赏	阳性，喜温暖湿润气候，稍耐寒	竹竿下部节间肿胀或节环交互歪斜	
206	斑竹	庭园观赏	阳性，喜温暖湿润气候，稍耐寒	竹竿有紫褐色斑	
207	早园竹	庭园观赏	阳性，喜温暖湿润气候，稍耐寒	枝叶青翠	φ2
208	苦竹	庭园观赏	阳性，喜温暖湿润气候，稍耐寒	竿散生	
209	箬竹	庭院观赏、地被	中性，喜温暖湿润气候，不耐寒	竿丛状散生	h30，w40
210	孝顺竹	庭园观赏	中性，喜温暖湿润气候，不耐寒	竿丛生，枝叶秀丽	h150

六、藤本植物

序号	名称	园林用途	生态习性	生物学特性及观赏特性	常用规格（cm）
211	中华常春藤	攀缘墙垣、山石	阴性，喜阴湿温暖气候，不耐寒	常绿性，枝叶浓密，花淡黄白色，花期8~9月	h100
212	洋常春藤	攀缘墙垣、山石	阴性，喜温暖，不耐寒	常绿性，枝叶浓密，花淡黄白色，花期8~9月	
213	地锦	攀缘棚架、墙垣山石	喜阴湿，攀缘能力强，适应性强	落叶性，秋叶黄色、橙黄色	多年生
214	美国地锦	攀缘棚架、墙垣山石	较耐阴，喜温湿气候，攀缘能力弱	落叶性，秋叶红艳或橙黄色	h100
215	葡萄	攀缘篱架、篱栅	阳性，耐干旱，怕涝	落叶性，果紫红色，花期8~9月	φ3
216	金银花	攀缘棚架、墙垣山石	喜光，耐阴，耐寒，抗污染	半常绿性，花黄、白色，芳香，花期5~7月	h200，w100
217	胶东卫矛	攀缘墙面、山石树干	耐阴，喜温暖气候，稍耐寒	半常绿性，花淡绿色，花期8月。绿叶，蒴果扁球形，粉红色，11月果熟	h50，w40
218	木香	攀缘篱架、篱栅	阳性，喜温暖，较耐寒	半常绿性，花白或淡黄，芳香	h200
219	紫藤	攀缘棚架、枯树等	阳性，略耐阴，耐寒，适应性强	落叶性，花堇紫色，花期4月，芳香	φ4

续附录2

六、藤本植物类

序号	名称	园林用途	生态习性	生物学特性及观赏特性	常用规格（cm）
220	扶芳藤	攀缘墙面、山石树干	耐阴,喜阴湿温暖气候,不耐寒	常绿性,入秋常变红色,攀缘能力强	h200
221	爬行卫矛	攀缘墙面、山石树干	耐阴,喜温暖气候,不耐寒	常绿性,叶较小,入秋常变红色,花期攀缘能力强	
222	猕猴桃	庭植观赏、攀缘棚架	阳性,稍耐阴	落叶性,花黄白色,花期6月,有香气	
223	美国凌霄	攀缘墙垣、山石	中性、喜温暖、耐寒	落叶性,花橘红色,花期7~8月	
224	凌霄	攀缘墙垣、山石等	中性、喜温暖、稍耐寒	花大、橘红、红色,花期7~9月	φ2
225	藤本月季	攀缘围栏、棚架	阳性、喜温暖气候	枝条长,慢性或攀缘,花色丰富	三年生
226	三叶木通	攀缘篱垣、棚架、山石	中性、喜温暖、较耐寒	落叶性,花暗紫色,花期5月	

七、草坪及地被植物

序号	名称	园林用途	生态习性	生物学特性及观赏特性	常用规格（cm）
227	结缕草	游憩、运动场	阳性,耐阴,耐热,耐寒,耐旱,耐践踏	叶宽硬,具匍匐茎	
228	黑麦草类	先锋绿化草种,快速绿化草种	阳性,不耐阴,喜温暖湿润气候,极耐践踏,不耐旱、寒	叶片质地柔软,根状茎细弱,须根稠密	
229	马尼拉	观赏、游憩、固土护坡草坪	阳性,耐湿,不耐寒,耐践踏	草层茂密,病虫害少,分蘖能力强,成坪快,易养护	
230	草地早熟禾	潮湿地区草坪	喜光亦耐阴,宜湿润,忌干热,耐寒	绿色期长	
231	早熟禾				
232	匍茎剪股颖	潮湿地区或疏林下草坪	稍耐阴,耐寒,湿润肥沃,忌旱碱	绿色期长	
233	羊茅	高尔夫场草坪,花坛、花境的镶边,岩石园	阳性,不耐阴,耐寒,耐旱、耐热、稍耐践踏,不择土壤	草丛低矮平整,纤细美观	
234	麦冬	地被,花坛,花境镶边	喜阴湿温暖,稍耐寒	株丛低矮,叶多簇生,线形,浓绿色	
235	红花酢浆草	河岸边、岩石园	喜向阳、湿润肥沃土壤	花玫瑰红、粉红,花期4~11月	
236	鸢尾	花坛、花境、丛植	阳性、耐半阴,耐寒、旱,喜湿润	花蓝紫色,4~5月	
237	萱草	丛植、花境、疏林地被	阳性、耐半阴,耐寒、旱,适应性强	花橘红至橘黄色,具香味,花期6~8月	
238	马蹄金	庭院地被,固土护坡	喜光及温暖湿润气候,耐低温践踏	株高5~15 cm,具匍匐茎,侵占能力强	
239	玉簪	林下地被	喜阴,耐寒,宜湿润,排水好	花白色,芳香,花期7~9月,叶基成丛	
240	白三叶	地被,固土护坡	耐半阴,耐寒,耐旱,耐践踏	花白色,花期4~6月	
241	二月兰	疏林地被、林缘绿化	宜半阴,耐寒,喜湿润	花淡蓝紫色,花期3~5月	

续附录2

七、草坪及地被植物

序号	名称	园林用途	生态习性	生物学特性及观赏特性	常用规格（cm）
242	常夏石竹	丛植、花坛、地被	阳性,耐半阴,耐寒,喜肥,要求通风好	植株丛生,茎叶细,被白粉,花粉红、深粉红、白色,有香气,春夏开花	
243	连钱草	疏林地被	喜阴湿,耐寒,忌涝	花淡蓝色至紫色,花期3~4月	
244	葱兰	花坛镶边、疏林地被、花径	阳性,耐半阴和低湿	花白色,夏秋开花	

八、水生花卉

序号	名称	园林用途	生态习性	生物学特性及观赏特性	常用规格（cm）
245	荷花	美化水面、盆栽	阳性,耐寒,喜温暖而多有机质处	花色多,花期6~9月	
246	睡莲	美化水面、盆栽	阳性,喜温暖通风之静水,宜肥土	花有白、黄、粉色,花期6~8月	
247	菖蒲	地被植物、水边绿化	喜阴湿,稍耐寒,性强健	叶丛美丽,植株或花有香气	
248	千屈菜	花境、浅滩、沼泽	阳性,耐寒,通风好,浅水地被	花玫红色,花期7~9月	
249	水葱	湿地、沼泽地	阳性,夏宜半阴,喜湿润凉爽通风	株丛挺立,花淡黄褐色,花期6~8月	
250	芦苇	低湿地、浅水		7~8月开花季节非常美观	
251	菰	浅水			
252	扁杆藨草	浅水	喜光、性强健、抗逆力强、适应性广		
253	狐尾	池塘、河沟、沼泽中	好温暖水湿,阳性,不耐寒	每轮有4朵花,花无柄,比叶片短	
254	旱伞竹	园林水景中	喜温暖、湿润和蔽荫		
255	斑茅	河岸溪涧草地	分蘗力强、高大丛生、抗旱性强	圆锥花序大型,稠密,花果期8~12月	
256	红蓼	园林	喜温暖湿润的环境,喜光照充足	柔软下垂如穗状,小花粉红或玫瑰红色,花期7~9月	

九、引进、驯化、改良品种

序号	名称	园林用途	生态习性	生物学特性及观赏特性	常用规格（cm）
257	香樟	庭荫树、行道树	喜光,稍耐阴;喜温暖湿润气候	常绿,冠大荫浓,树姿雄伟	φ10
258	深山含笑	园林观赏		常绿,叶大,花大,白色,芳香	φ6,h350,w150
259	加拿利海枣	优美的热带风光树	喜高温多湿的热带气候	常绿乔木,高大雄伟,羽片密而伸展	
260	棍棒椰子	行道树、园景树	喜高温多湿的热带气候	单干,茎干形似棍棒,光滑粗壮	
261	布迪椰子	行道树及庭园树	耐干热干冷,耐寒	羽状叶,叶柄明显弯曲下垂,叶片蓝绿色	h100
262	龟甲冬青	盆景、庭植观赏	耐阴	矮灌木,叶小而密,花白色,果球形	h40
263	迎红杜鹃	丛植	喜光,耐寒,喜空气湿润和排水良好地点	花淡红紫色,先叶开放,花期4~5月	h45,w40

续附录 2

九、引进、驯化、改良品种

序号	名称	园林用途	生态习性	生物学特性及观赏特性	常用规格（cm）
264	照山白	丛植	喜光，耐寒	常绿性，花小，白色，径约 1 cm	
265	栀子花	花篱、庭院观赏	喜光，喜温暖湿润气候	叶色亮绿，四季常青，花大洁白，芳香馥郁	h80，w80
266	香花槐	行道树、庭荫树	耐寒、耐热、耐旱、耐瘠薄、生长快	花红色，5～7 月开两次花	ϕ7，h450，w350
267	山茶	庭院观赏	喜半阴，喜温暖湿润气候，不耐碱土	常绿性，花朵大，花色美，品种繁多	h120～150
268	含笑	丛植、草坪边缘	喜弱阴，不耐暴晒和干燥	花直立，淡黄色，芳香，花期 3～4 月	h80，w80
269	过路黄	地被	喜光耐阴，耐水湿	枝条匍匐生长，叶色金黄艳丽，卵圆形，6～7 月开杯状黄色花	h50
270	红花继木	色块布置	耐寒、耐旱，不耐瘠薄	花瓣 4 枚，紫红色，线形长 1～2 cm，花期 5 月	h30
271	金森女贞	色块、绿篱	喜光，又耐半阴，较耐寒	春、秋、冬三季金叶占主导	h30，w25
272	无花果	庭院观赏	喜光，喜温暖湿润气候，不耐寒	叶 3～5 掌状裂，寿命达百年以上	
273	雀舌黄杨	绿篱、花坛边缘	喜光，亦耐阴，喜温暖湿润气候	花小，黄绿色，花期 4 月	h30，w25
274	杨梅	孤植、丛植、列植	中性树，稍耐阴，不耐烈日直射	常绿性，初夏红果	
275	黄槐	孤植、丛植	阳性，耐半阴，喜高温多湿气候，耐旱，不抗风	花鲜黄色，径约 5 cm，花 9～10 月最盛	
276	紫楠	庭荫树、风景树	耐阴，喜温暖湿润气候，微酸性土	常绿，端正美观，叶大荫浓，防风	
277	老人葵	行道树、园景树	耐热、耐寒、耐湿、耐旱、耐瘠薄	常绿椰子树，主干通直，叶梢不易脱落	
278	龙爪桑	庭植观赏	阳性，抗污染、抗风，耐盐碱	荫木类，枝条扭曲如游龙	
279	连香	庭植观赏	耐阴性较强，喜冬寒夏凉、湿度大、微酸性土壤	稀有种。树姿高大雄伟，叶型奇特	
280	龙爪枣	庭植观赏	阳性	小枝卷曲如游龙	
289	罗汉松	庭植观赏		叶螺旋状排列，线状披针形	ϕ5～6，h300
290	红果冬青	园景树、绿篱植物	喜光，稍耐阴；喜温暖湿润气候及酸性土壤，耐潮湿，不耐寒	常绿性，入秋红果累累，经冬不凋	ϕ7～8
291	紫杉	绿篱、庭植观赏	阴性、浅根性，耐寒，生长迟缓	半球状密纵常绿灌木，植株较矮	h100～150
292	巨紫荆	园林观赏	喜阳光充足，畏水湿，较耐寒	花淡红或淡紫红色，花期 4 月	ϕ6
293	灯台树	园林观赏	喜温暖气候及半阴环境，适应性强，耐寒、耐热、耐旱，生长快	树形优美奇特，叶形秀丽，白花素雅，花后绿叶红果	ϕ7

附录3　土壤修复措施比选

分类	修复工艺	工作原理	适用性	局限性	技术特点
物理—化学及其联合修复技术	挖掘—填埋	将污染土壤挖掘,运输至填埋场进行掩埋处置,采用防渗、封顶等配套措施防止土壤中污染物扩散的处理方法。挖掘—填埋不能降低土壤中污染物本身的毒性和体积,但可以减少污染物的暴露及迁移	临时存放或者最终处置各类污染土壤。通常适用于低含水率的污染土壤,有时也被用于处理规模过大而其他修复技术难以实施的污染区域。该技术一般不用来处理埋深较大的污染土壤或有机污染土壤	该技术无法减少污染物的毒性、活性和数量,只能降低其迁移性;需要有合适的填埋场所,占地面积较大;阻断材料需要进行长期观测与维护以保证其长期有效性;挖掘—填埋时,污染物再利用不会对覆盖、防渗阻隔照层不破坏作用,深根植物不能在填埋种植;污染土壤的外运过程需要进行严格监管,防止二次污染	异位修复。费用较小,工程实施时间相对较短
	固化/稳定化	运用物理或化学的方法将土壤中的有害污染物固定起来,或将污染物转化为化学性质不活泼的形态,降低其在环境中迁移、扩散的能力	用来临时存放或者最终处置各类污染土壤,通常适用于低含水率的污染土壤,有时也可以被用于处理规模过大而其他修复技术难以实施的污染区域。该技术一般不用来处理埋深较大的污染土壤或发挥性的有机污染土壤	修复后的环境条件变化可能影响固化体的长期稳定性;污染物所处深度的增加可能增大原位固化稳定化的操作难度;有机物质的存在可能会影响黏结剂的固化作用,原位处理时,黏结剂和固化剂的传输和有效混合可能存在一定难度;处理过程中可能导致污染物体积的大幅增加;某些污染物处理需要进行可行性试验	原位或异位修复。是一种常用的修复技术。可单独使用,也可与其他处理和处置方法结合使用。成本和运行费用较低,适用性较强,修复时间一般为中短期
	土壤气相抽提	通过在非饱和土壤层中布置抽气井,利用真空泵产生负压驱使空气流通过污染土壤的孔隙,解吸并夹带挥发性有机物流向抽气井,利用尾气把包含有污染物气相抽提出设施对抽气井抽出的废气进行处理,从而使污染土壤得到净化的技术	可用来处理挥发性有机污染物(VOCs)、部分半挥发性有机污染物及燃料类污染,不宜用来处理重金属、多氯联苯(PCBs)和二噁英等污染土壤。可以处理的污染土壤应具有质地均一、渗透性好、孔隙度大、含水率低的特点	黏土或水分含量高(>50%)的土壤,由于透性较差,影响SVE的处理效果;由于有机物含量高或特别干燥的土壤中VOCs的吸附性较强,污染物的去除效率会较低;土壤气相抽提技术实施时可能会发生污染物"拖尾"和反弹现象;抽提后的尾气和尾气处理过程中产生的废物需要进行处理	原位或异位修复。场地的大小、水文地质条件、污染物的性质和浓度会影响处理的时间、效果和成本。该技术对土壤本身的破坏程度较小,成本相对较低,修复时间适中
	土壤淋洗	指将能够促进土壤中污染物溶解或迁移作用的溶剂注入或渗流到污染土层中,使其穿过污染并与污染物发生解吸、螯合或溶解等物理化学反应,最终形成迁移态的污染物,再利用抽提井或其他手段把包含有污染物的液体从土层中抽提出来,进行污水处理的技术	能够处理地下水位以上较深层次的重金属污染,也可用于处理有机物污染,易溶于土壤。土壤淋洗技术最适用于多孔隙、易渗透的土壤,最好用于砂地或砂质土壤和沉积土等,一般来说渗透系数大于10～3 cm/s的土壤处理效果较好。质地细密的土壤一般需要多次淋洗才能达到处理要求,一般来说,当土壤中黏土含量达到25%～30%时,不考虑使用该技术	淋洗技术可能会破坏土壤理化性质,使大量土壤养分流失,并破坏土壤微团聚体结构;低渗透性、高含水率复杂污染物以及较高的污染浓度会使处理过程较为困难;淋洗技术容易导致高浓度污染物的扩散产生二次污染	原位或异位修复。对操作要求很高,一般需要在污染土层周围设置屏障系统,并设置监测点。原位土壤淋洗主要用于处理地下水位以上包气带和地下饱和层的污染。一般、中期技术,费用随所用化学淋洗液的种类不同差别较大

续附录3

分类	修复工艺	工作原理	适用性	局限性	技术特点
物理-化学及其联合修复技术	土壤洗脱	将污染土壤挖掘出来后，与水或化学试剂混合，通过物理化学作用使土壤中的污染物转移到液相中，并对含污染物的液体进行处理，从而获得洁净土壤的技术	可用来处理重金属和有机污染物，包括石油类化合物、PCBs及多环芳烃(PAHs)。该技术对于大粒径级别污染土壤的修复更容易，砂砾、砂等土壤中的污染物较易被清洗出来。一般来说，当土壤中黏土含量达到25%～30%时，不宜采用该技术	一般在洗脱前都需要对土壤进行预处理和分级；同淋洗技术一样，洗脱技术会破坏土壤的理化性质，并丢失大量养分；微团聚体结构的破坏；污染物较为复杂时会增加洗脱液选择的难度；洗脱液中吸附的污染物；难以去除黏粒中吸附的污染物，洗脱废液如整处理会产生二次污染	异位修复。实施周期主要取决于待处理土壤的体积，通常要求较大的处理场地
	热脱附修复	指通过直接或间接换热，将污染土壤及其所含的污染物加热到足够的温度，使污染物从土壤中得以挥发或分离出来的技术的土壤，然后对挥发出来的污染物进行处理，从而获得干净的土壤。热脱附技术是与土壤焚烧技术不同，通过控制热脱附系统的温度和物料停留时间有选择地使污染物挥发，而不是氧化、降解这些有机污染物	热脱附技术能高效地去除土壤场地内的有机污染物，主要适用于处理高浓度污染土壤。该技术应用时，如VOCs和SVOCs、农药、PCBs和汞等污染物及采用其他修复技术效果较差或含水率较差的污染土壤。该技术应用时，含水率会增加处理费用(原位电阻加热除外，该技术需要水分不低于早)	土壤需要控制粒径和水分含量等，处理可能会影响该技术的应用效果和费用，含腐蚀性污染物或含有大量有机物的土壤对设备存在一定损害；黏土、淤泥会增加有机污染物在固相的吸附修复力强，会含致污物料停留时间的延长，降低修复效率。热脱附技术比其他常用修复技术成本略高	具有修复效率高，技术成熟、处理温度越高，能耗越大，操作费用相应提高。异位热脱附技术在国内相对成熟，一般加工成可移动的设备单元，但设备一次性投成本较高。该技术处理土壤的处理时间属于中短期
	焚烧	在高温和有氧条件下，依靠污染土壤自身的热值或辅助燃料，使其氧化燃烧并将其中的污染物分解转化为灰烬、二氧化碳和水，对焚烧产生的烟气进行处理，从而达到对污染土壤中污染物减量化和无害化处理的目的	焚烧技术可用来处置具有持久性有机污染物(POP)、石油类以及SVOCs等。不同工艺对污染土壤的含水率有一定的要求，高含水率会降低焚烧的处理效率和对污染物去除有一定的要求，且处理费用相应提高	重金属焚烧产生的残灰，需要进行安全处置。挥发性重金属进入烟气系统，需要安装尾气系统进行处理。对含氯有机污染土壤存在焚烧产生二噁英的风险，处理过程中可能形成或原污染物更强的挥发性和毒性更强的化合物；能耗和成本较高	污染土壤的焚烧一般需要借助助燃料来引燃和维持燃烧，燃烧形成的烟气和残余物要进行处理，对含氯有机污染土壤进行焚烧时存在产生二噁英的风险。焚烧技术在国内相对成熟，但设备一次性投资成本较高。该技术对污染土壤的处理效果较好，处理时间相对较短
	水泥窑协同处置	将满足或经过预处理后满足入窑要求的污染土壤投入水泥窑，在进行水泥熟料生产的同时实现对污染土壤无害化处理的技术	水泥窑协同处置技术对污染物的处理范围较广，大多数有机类污染物都可以采用该技术处理。但该技术不适用于处理含爆炸物的土壤，未经拆解的废电子产品、汞、铬等含量较高的土壤。重金属等含量超标的土壤，因此处理前应对土壤中的重金属含量进行检测，保证出产的水泥质量符合相关标准	在生入水泥窑前，污染土壤一般需要预处理；需对排放气体各组分和污染物等进行详细监测，以保证水泥产品的质量；污染土壤中的重金属比通常较低，涉及到水泥生产的品质加大，可能会产生二次污染	该技术在处理污染土壤过程中需对飞灰和烟道气体进行检测，防止二噁英等毒性更大的物质排放，且有焚烧温度高、可资源综合利用、经济效益好等优点，加之处理深度加大，污染土壤的配伍比例较低等需深入分析。该技术的实施时间属于中短期技术

续附录3

分类	修复工艺	工作原理	适用性	局限性	技术特点
物理－化学及其联合修复技术	化学氧化／还原技术	化学氧化/还原技术是通过氧化/还原反应将有害污染物彻底无害化，或转化为毒性较低的、更易自然降解的污染物，从而达到环境修复或处理后再利用的目的	化学氧化－还原对大多数有机污染物有效，包括有机氯代溶剂、苯系物、石油烃、PCBs、PAHs等。但对水溶性差、土壤吸附性强的污染物，比如高环的PAHs，一些农药等，处理效率较差，可采用此类污染物溶解或解吸附的产品与化学氧化－还原技术联用以提高其修复效率	处理过程可能产生不完全氧化产物或中间污染物；处理高浓度的污染物需要大量还原剂，可能导致处理成本高；氧化－还原剂是否能和污染物充分接触及污染物性质决定此技术不再经济可行	该技术所需的处理周期一般在几天至几个月不等，处理时间属中短期，具体取决于目标修复区域的污染性质及污染程度；氧化－还原剂能否和污染物充分接触发生反应是该技术的特性等因素
生物修复技术	生物通风	一种强化好氧生物修复方法，即当土壤受到挥发性或半挥发性有机物的污染，受污染土壤中原位进行生物降解，强化微生物对土壤中强度污染物进行有效降解，同时将挥发的有机物一起抽出，然后对排出气体进行处理后排放	对于被石油烃、低氯代溶剂、某些杀虫剂、木材防腐剂等污染的土壤处理效果良好，适用于处理有机污染的土壤。低含水量和低黏性的土壤，原位生物通风常用于地下水位上部透气性较好的土壤的修复，也适用于结构疏松多孔的土壤	邻近地下水、饱和层土壤或低渗透性的土壤使用该技术效果不佳；土壤中水分含量太低也会限制其有效性；可能会导致污染物进入临近地下空间，需要监控土壤表面可能排放的废气；温度过低会减缓修复速率	一项中长期技术，实施时间从几个月到几年不等，主要取决于土壤和污染物的特性
	生物堆	将污染土壤从污染地点挖出，堆积在具有防渗层的处理区域，利用微生物对污染物的降解作用处理未被污染土壤的技术	适用于处理易于好氧或厌氧生物降解的有机污染物，比如固有污染物、石油烃、苯系物等。该技术也可用来处理SVOCs、农药等，但处理效果较差	需要对污染土壤实施挖掘；需通过可行性试验确定污染生物可降解性、需氧量及营养供应；因为没有微生物可能会导致处理效果的非均匀性和相对较长的处理时间	当土壤中存在挥发性污染物时，通常在生物堆外部或内部设有气体收集系统。生物堆内部的气体，包括降解产的气体，加热氧化或活性炭吸附加活化等方法才向大气排放。生物堆技术措施处理后才向大气排放，一般为数周或数月
	强化生物修复	利用土著或接种微生物（如真菌、细菌或其他微生物）降解（代谢）土壤中污染物，通过调节碳源、营养物、氧气或水分等强化生物处理手段，将污染物无害化的过程	对能量的消耗较低，可以用来修复面积较大的污染场地。该技术主要适用于修复受到石油烃、有机固化污染物、农药等有机化学品或固态污染物。某些特定污染物需要特定微生物来降解。该技术无法降解重金属，但可用于改变重金属的价态，但其稳定化目的的吸附、固定污染物，比如重金属、高氯代的高浓度毒性污染物可能对微生物有毒	如果土壤介质中含有抑制微生物活性或制微生物的物质，则会降低修复效果；黏土、非均质土层也会影响修复效果；强化生物修复需满足土壤的生物性和非均性的相对低温条件下（比如北方地区、冬季时节）不宜采用；该技术的大量应会减少添加剂；污染物在固态流存在可能对污染物的接触机会	一般物理－化学技术的修复时间长，污染物去除的大概需数月以上

续附录3

分类	修复工艺	工作原理	适用性	局限性	技术特点
生物修复技术	植物修复	利用植物对污染物的吸收、转化、稳定或降解作用,实现土壤的净化、生态效应恢复为目的治理技术。植物修复的过程较为复杂,如植物对多个过程的协同作用,可能是多个过程的直接吸收及累积作用,植物根部分泌的酶降解有机污染物,或将高毒的有机污染变为低毒或无毒的有机物,或实现污染物的稳定化,或根际与微生物的联合代谢作用,从而吸收、转化和降解污染物等	对于特定重金属具有较好的效果,对于PAHs及滴滴涕(DDT)等POPs污染物也有过修复先例。目前植物修复大多只能高集一种或两种重金属,对多种重金属的复合污染修复效果一般	修复的深度取决于采用的植物,但基本只能处理浅层污染;浓度较高的污染物可能对植物有毒;植物修复从土壤中转移季节性和地域性较强;可能会产生污染物的毒性和生物有效性较到空气中的情况;植物修复产物的安全性难确定;修复周期较长;需对植物修复时收割的植物安全处置	具有良好的美学效果和较低的操作成本,不适合与其他技术结合使用。与物理和化学修复技术相比具有成本低,操作方便、二次污染少、不破坏土壤结构等特点,非常易于浅地表污染,但处理时间较长
	泥浆相生物处理	在生物反应器内处理挖掘的土壤,通过污染土壤和水的混合,利用微生物在合适条件下对混合泥浆进行处理,处理后的泥浆脱水即获得干净的土壤	为微生物提供较好的环境条件,因而可以大大提高降解反应速率。该技术对非均质土和黏土处理可能存在困难,处理后的筛分和处理后的脱水价格较为昂贵	需要对污染土壤实施挖掘;土壤进入反应器前的预处理较为困难,且成本较高;该技术对非均质土和黏土处理可能存在困难;处理后的土壤脱水和废水处理需要较多费用;不适用于无机污染物的处理	该技术处理时间适中,土壤的筛分和处理后的脱水价格较为昂贵
电动力学修复技术	电动修复技术	在污染土地中插入阴阳电极并通以低强度电流,使金属在电解、电迁移、电渗和电泳等作用下在阳(或阴)极移走	该技术适合于低渗透的黏土和淤泥土	不适用于渗透性好、传导性差的沙性土	电动修复速度较快,成本较低,特别适用于小范围的黏质污染土壤;对重金属和可溶性有机物污染、对子不溶性有机污染物,需要化学增溶,易产生二次污染

附录 4　应用于重金属污染土壤植物修复中植物种类参考表

重金属	植物名称	浓度（mg/kg）	转移系数
Pb	羊茅	11 750	>1
	普通荞麦	10 000	3.03
	圆锥南荠	2 857	10.38
	羽叶鬼针草	2 164	1.25
	兴安毛连菜	2 148	1.96
	圆叶无心菜	2 105	>1
	白背枫	1 835~4 335	1.1
	小鳞苔草	1 834	9.96
	肾蕨	1 020	2.3
	马蔺	1 109	0.46
Cd	壶瓶碎米荠	189~3 800	0.83~1.42
	球果焊菜	1 301	1.0~1.3
	金边吊兰	865	0.57
	蜀葵	573	<1
	龙葵	228	>1
	红蛋	147	0.31~1.01
	风花菜	120	2.0~3.5
	三叶鬼针草	119	1.52
	商陆	100	≈1
Cr	狼尾草	18 672	2.35
	李氏禾	2 977	11.59
	假稻	2 292	>1
	扁穗牛鞭草	821	>1
As	凤尾草	>1 000	>1
	斜羽凤尾蕨	>1 000	>1
	大叶井口边草	694	1~2.6

续附录 4

重金属	植物名称	浓度（mg/kg）	转移系数
Mn	人参木	23 500	>1
	土荆芥	20 990	1.57
	杠板归	18 342	1.10~4.12
	短毛蓼	16 649	1.06
	福木	13 100	>1
	木荷	9 975	13.5
	垂序商路	5 160~8 000	1.03~15.56
	水蓼	3 675	1.37
Cu	莘荠	1 538	45.7
	海州香薷	1 500	>1
	蓖麻	1 290	>1
	鸭跖草	1 034	>1
	密毛蕨	567	3.88
Zn	长茅毛委陵菜	26 700	0.71
	圆锥南荞	20 800	>1
	叶茅阿拉伯芥	26 400~71 000	>1
	东南景天	5 000	1.25~1.94
多元素	宝山堇菜	Zn：3 962、Pb：2 215	Zn：2.08、Pb：1.68
	苎麻	Cd：335、Pb：92.3	Cd>1
	三叶鬼针草	Cd：2 223、Pb：1 960	Cd>1、Pb>1
	野茼蒿	Zn：3 331、Pb：128、Cd：1 289	Zn<1、Pb：0.85、Cd：1.58
	秃疮花	Zn：10 384、Pb：1 318、Cd：246	Zn：12.89、Pb：2.51、Cd：2.47